아이들과 떠나는 판타스틱 이천여행

# 절대 후회하지 않을 슬기로운 주말여행

상상출판

아이들과 떠나는 판타스틱 이천여행

# 절대 후회하지 않을
# 슬기로운 주말여행

최석재 지음

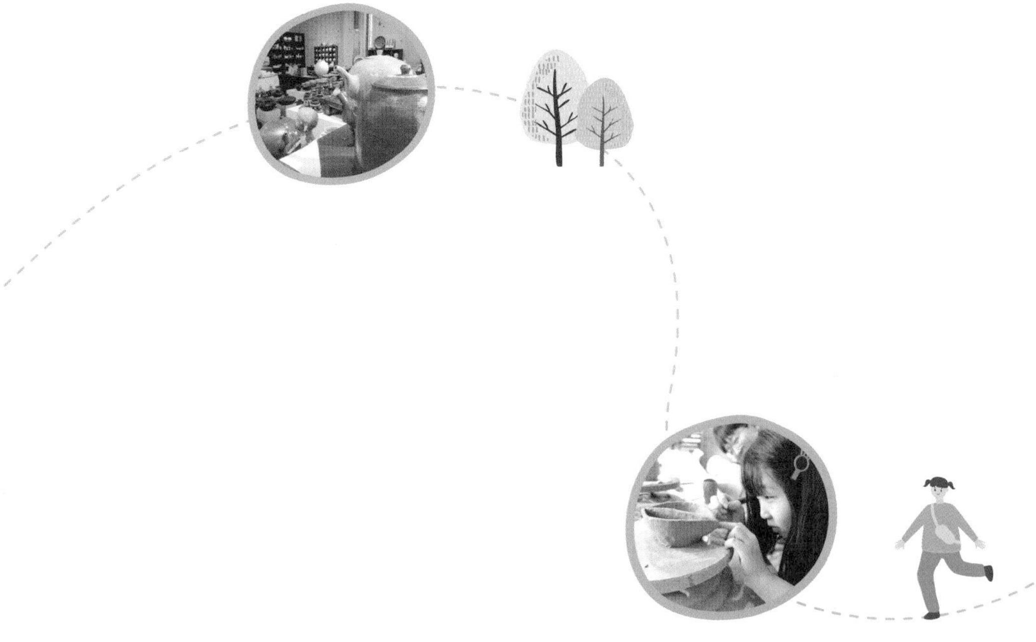

차례

## Part 1 대한민국 주말여행의 시작, 이천!

## Part 2 아이와 함께하는 가족여행은 언제나 옳다!



## Part 3 어서 와~ 이런 주말여행은 처음이지?

## Part 4 아이들에게 따뜻한 정서를, 어른에게 아련한 추억을!

# 함께 여행 다닐
# 쌤과 친구들을 소개합니다

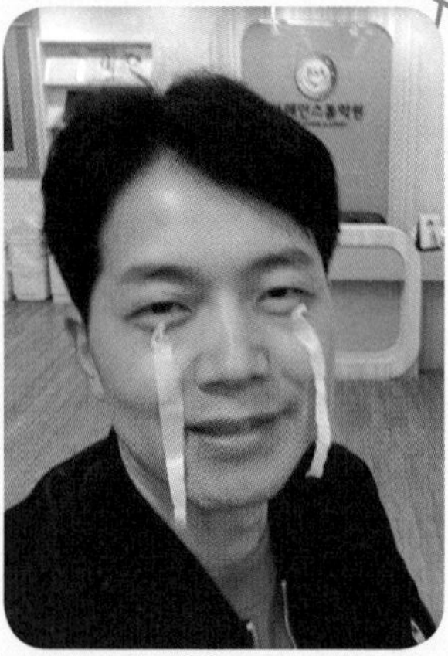

여행과 역사엔 척척석사!
최석재 작가

안녕하세요. 여러분과 함께 이천 구석구석을 여행할 최석재 작가입니다~ 아이들은 최쌤이라 부른답니다.

웃지만 울고 있는 제 모습이 보이시나요?
'찬쭈'랑 함께 다니면 누구든 이렇게 될걸요!
찬쭈가 누구냐고요?
이제 곧 알게 될 겁니다.
이천은 참 재밌는 곳이에요~
도자기와 쌀, 온천으로 유명하고요. 산수유축제부터 인삼축제, 쌀문화축제, 복숭아축제까지! 이천은 축제의 도시랍니다. 또한, 옛 모습 그대로 보존된 전통 5일장부터 최첨단 아웃렛까지! 돼지테마파크부터 세라피아도자박물관, 농촌체험마을부터 온천 리조트까지!
이천은 대한민국 여행의 시작이자 끝이랍니다~ 앞으로 이천의 유니크한 여행지와 체험여행지를 찬쭈와 함께 다니면서, 여러분들보다 먼저 체험하고 재밌게 이야기 나누겠습니다~

## 정유찬

**특기1**: 역사(한국사검정능력 1급)
**특기2**: 퀴즈의 달인
**단점**: 배고프면 정신을 못 차림
**특징**: 역사 문제라면 나에게 맡겨라! 퀴즈라면 자다가도 벌떡 일어나는 진정한 퀴즈 마니아! 궁금한 건 절대 못 참고, 쭈가 놀리는 건 더 못 참는 13살 소년

안녕하세요~
함께 답사 다닐, 쭈의 오빠 정유찬입니다. '찬'이라고 불러주세요~ 역사 공부를 좋아하고요. 먹는 거 좋아합니다~ 철없는 쭈가 걱정이긴 하지만, 선생님 따라서 재밌게 여행 다니겠습니다~

## 정유주

**특기1**: 쌤이랑 오빠 놀리기
**특기2**: 찍기의 달인
**단점**: 귀여운 척하기
**특징**: 아주 가끔은 정말 귀엽고 예쁘다가 최쌤이랑 오빠 놀릴 때는 정말 못생겨지는 도도한 11살 소녀.

안녕하세요!
쭈, 정유주라고 해요.
제가 사는 이천은 참 좋아요~ 쌀밥은 물론 복숭아, 딸기에 한라봉까지 맛있는 게 정말 많거든요. 이천엔 프로야구장이 있어 야구 구경도 할 수 있고, 재밌는 체험장까지 정말정말 많아서 좋아요~ 아무튼, 선생님이랑 오빠랑 마구마구 즐겁게 다니겠습니다~

여러분! 벌써 기대되죠?
찬! 쭈! 그리고 저와 함께 즐거운 주말여행을 떠나볼까요?
준비되셨나요? 안전벨트는 꽉 매어주세요!
자, 이천으로 주말여행 출발합니다~ 뿌뿌!

Part 1

# 대한민국 주말여행의 시작, 이천!

세상에서 가장 아름다운 곳이 어디냐 물어본다면
선뜻 이천이라고 대답하기 어렵겠지만,
세상에서 가장 아기자기하고 정감 어린 여행지를 묻는다면
이천이라 말할 수 있습니다!
전국에서 가장 많은 도예 예술가의 작품을 만날 수 있는 곳,
뜨거운 온천수로 아이들과 물놀이를 즐길 수 있는 곳,
농업과 민주주의의 역사를 한눈에 볼 수 있는 곳,
아이들과 뛰어놀며 마음마저 파랗게 물들일 수 있는 곳.
대한민국 주말여행의 시작,
이천으로 찬쭈와 함께 떠나보시죠~

1 세상에서 가장 예쁜 도자여행!
이천도자기축제+예스파크

2 낮엔 온천리조트! 밤엔 별빛정원우주!
이천 테르메덴+시몬스 테라스

3 소나기의 주인공을 만날 수 있는 바로 그곳!
농업테마공원+민주화운동기념공원+이천생선국수

4 없는 게 없는 1박 여행의 백미!
청암관광농원+이천커피체험농장+화각장

5 내 마음도 파랗게 물들여주세요~
쪽빛나라+인온아트센터+남혜인천연염색

# 01

# 세상에서 가장 예쁜 도자여행!

## 이천도자기축제 | 예스파크

도자기의 매력에 빠져본 적 있으시죠?

신비로운 푸른빛과 우아한 선을 지닌 고려청자, 한없이 맑은 느낌을 주는 조선백자, 그리고 자유로운 작가의 혼을 느낄 수 있는 분청사기는 우리 민족의 자랑스러운 유산입니다.

이천 특산물을 이야기할 때에는 누구나 도자기를 첫손가락에 꼽게 되는데요. 특히, 300여 개의 도자기 가마가 모여 있는 신둔면 일대는 우리나라를 대표하는 도예촌으로 가장 유명하답니다.

이천이 도자기로 이름을 떨치게 된 데에는 도자기 흙이나, 땔감을 쉽게 구할 수 있다는 이유도 있었지만, 전통 도자기를 다시 만들어내고자 한 도자 작가들의 예술정신과 장인정신 때문이 아닐까요? 유근형, 지순택 등의 명장들이 이천으로 내려온 이후, 많은 젊은 도자 예술가들이 모이면서 도자기에 대한 끊임없는 연구와 창작활동을 하고 있거든요.

최근에는 이천 신둔면에 예스파크라는 예쁜 도자예술 마을이 만들어져서, 도자 도시로서의 맥을 이어가고 있어요. 이곳에서는 대한민국 도자의 아름다움과 도자 예술가의 작가정신까지 만날 수 있답니다.

첫 번째 여행으로, 예스파크와 이천도자기축제에서 예쁜 도자기를 구입하러 찬쭈와 함께 가볼까요~

공 방

Chapter 1

# 세상에서 가장 예쁜 **도자여행!**

최쌤: 얘들아, 세상에서 가장 깨끗한 물질이 뭔 줄 아니?

찬: 정답! 알코올이요! 세균이랑 바이러스가 잘 살지 못하잖아요~

쭈: 최쌤! 제 마음이요~ 엄마는 맨날 저한테 뒤끝 없고 쿨하다고 하세요~

찬: 바보야, 그건 네가 아주 단순해서 그런 거지!

최쌤: 아이고, 또 시작이냐? 오늘은 어찌 안 싸우나 했다~

쭈: 오빠가 맨날 먼저 시비를 걸잖아요.

찬: 네가 말도 안 되는 얘기를 하니깐 그렇지!

최쌤: 자, 됐고. 내 생각인데, 세상에서 가장 깔끔한 물질은 바로 도자기가 아닐까 싶어. 너희 화장실 변기는 뭐로 만드는 줄 아니? 바로 도자기야!

쭈: 진짜요? 나는 플라스틱인 줄 알았네~

최쌤: 다른 물질로 만들면 변하거나 때가 끼지만 도자기로 만들면 그럴 일이 없거든~

찬: 도자는 흙으로 만든 건데 어떻게 그렇게 깨끗해졌어요?

최쌤: 도자는 불 속에서 입자들이 녹아내리고 서로 엉기고 단단해져서 깨끗하고 완벽한 물질로 탄생하지! 마치 나처럼~

쭈: 아~ 쌤!

최쌤: 자, 얘들아! 오늘은 예쁜 목걸이 반지부터 쌤처럼 완벽한 청자 백자까지 한곳에서 만날 수 있는 이천도자기축제에 함께 가보자!

# Chapter 2 이천도자기축제에서는요!

도자문화의 모든 것을 만날 수 있는 축제!

이천도자기축제는 1년에 한 번씩 열리는 축제랍니다.

매년, 색다른 내용을 주제로 여행객들과 만나는 이천도자기축제에서는 도자에 관련된 모든 것을 만날 수 있는데요. 도예체험의 기초

부터 물레체험, 아기자기한 도자 소품부터 명장의 도자까지, 도자 문화의 A부터 Z까지 만날 수 있답니다.

도자는 술병과 그릇만 있는 게 아니죠~

도자로 만든 펜던트, 정말 예쁘죠?

이천도자기축제장에서는 이천의 도자 장인들이 만든 소품들이 가득한데요. 목걸이부터 반지, 귀고리까지 없는 게 없답니다.

전통 도자기 가마

쭈: 와~ 도자기 가마다!

찬: 여기에서 두 번 구워야 도자기가 되는 거지~

쭈: 쌤, 근데 왜 도자는 두 번 구워요?

최쌤: 첫 번째는 흙 속 성분이 녹아 엉기면서 더 단단해지기 때문이고, 유약 발라서 한 번 더 구우면 유약이 녹으며 반질반질 빛나면서 단단해지기 때문이란다~

쭈: 아, 전 돼지고기를 생각했어요.

초벌구이 돼지고기요~

찬: 넌 맨날 먹는 생각만 하냐?

근데 나도 먹고 싶다~

이게 도자 가마야
여기에서 두 번 구워야
도자기가 되는 거지~

축제장은 어디나 포토존

이천도자기축제장이 열리는 예스파크의 거리는 아기자기한 도자 소품의 거대한 갤러리랍니다~ 어디서든 사진 찰칵! 셀카 찰칵! 흙손이 찍어도, 휴대전화로 찍어도 예술 작품이 된답니다~

이천도자기축제에서 추억까지

미션을 완수해서 스탬프를 찍으면
선물도 받고, 스티커 사진도 찍을 수 있어요!
찬: 쭈야! 좀 웃어라~
쭈: 치, 오빠나 잘해!
최쌤: 너희는 사진 찍을 때도 싸우니?
자, 다시 찍는다!
하나, 둘, 셋! "이천 도자기~"

# Chapter 3 찬쭈와 함께 이천도자기축제!

영화 〈사랑과 영혼〉에서 남녀주인공이 물레를 돌리는 장면은 많은 패러디가 있을 만큼 명장면이죠.
이천도자기축제에서는 남녀노소 누구나 언제라도 드라마의 주인공이 될 수 있답니다~ 정말 될 수 있냐고요?
흠흠…. 일단 물레 앞에 앉아보시죠?

세계 도예인 작업

최쌤: 애들아, 저기 외국 도예가들이 작업하고 있는데 사진 찍어도 되냐고 여쭤볼래?
쭈: 최쌤, 영어 못해서 우리 보고 물어보라는 거죠?
최쌤: 흠, 나는 순전히 너희들 영어 공부 시켜주려고 그러는 거야~

찬: 근데 선생님, 작업하시는 분들께 방해되지 않을까요?
최쌤: 오~ 유찬이가 어른이네! 여긴 유명작가들이 공개작업하는 곳이라 괜찮단다. 유찬이가 작가님께 여쭤봐~
Joelle: 갠차나요, 찌거도.
쌤·찬·쭈: 잉? 우리말 할 줄 아세요?

Joelle: 쪼금합니다.

최쌤: 사진 좀 찍을게요~ 고맙습니다~

Joelle: 천만원이에이요.

쭈: 쌤, 찍지 마요! 천만 원 내야 한대요.

최쌤: 푸하하하! 바보야~ 천만 원이 아니라 "천만에요"라는 말이지~

도자 만들기 체험

최쌤: 우리도 조엘처럼 멋진 도자를 만들어볼까?

찬쭈: 예~! 좋아요!

쭈: 전 제 얼굴처럼 아름다운 작품을 만들어볼래요~

찬: 그럼 불가능하겠네~

쭈: 아, 오빠!

산책만으로도 즐거운 이천도자기축제!

최쌤: 얘들아 도자기는 무얼 말하는지 아니?

찬: 도자기는 그냥 도자기 아닌가요?

최쌤: 훗, 도기와 자기를 합쳐서 도자기라고 말하는데, 도기는 비교적 낮은 온도에서, 자기는 높은 온도에서 구워낸다는 차이가 있지. 백자는 하얀 자기라는 뜻이고, 하얀 도기는 백도가 되는 거지~

쭈: 저는 백도가 복숭아를 말하는 줄 알았어요~

최쌤: 하얀 도자기를 백도(白陶)라 하고, 하얀 복숭아도 백도(白桃)라고 하고, 달이 지나는 길도 백도(白道)라고 해~ 참, 태양이 다니는 길은 황도(黃道)!

쭈: 에이, 뻥! 어떻게 다 백도가 될 수 있어요?

최쌤: 내기할래? 내 말이 맞으면 오늘 종일 어깨동무하면서 다니기! 내가 지면 아이스크림 사줄게!

쭈: 네~ 내기해요!

Chapter 4

# 이천의 새로운 명소
# **예스파크**

예스파크는 최근에 새롭게 탄생한 도자예술의 메카랍니다. 다양한 장르의 전문 도예가들이 입주해서 작업과 전시를 하고 있고요. 매년 이천도자기축제를 비롯해 다양한 축제가 열린답니다. 예쁜 거리부터 작은 화랑들까지 구석구석 아기자기한 예스파크로 놀러 오세요~

예스파크에서는 모든 거리가 갤러리!

예스파크에서는 초보자가 휴대전화로 사진을 찍어도 작품!
예스파크는 골목골목 근사한 소품으로 잘 짜여 있답니다.
이렇게 엉뚱한 쭈가 포즈만 잡아도 작품 사진이 나온답니다.
절대 모델이 좋아서가 아니랍니다~

예스파크 랜드마크, 기타집 '세라기타문화관'

예스파크에는 다양한 디자인의 재밌는 건물들이 많은데요. 가장 유니크한 건물은 바로 기타집이 아닐까 싶어요. 이정복 선생님이 만든 예술 공간으로, 우쿨렐레를 직접 만들어볼 수 있고요, 통기타 레슨과 연주회가 정기적으로 열린답니다. 예쁜 외관 때문에 여행객에게 인기 최고!

예스파크의 수많은 갤러리들!

오카리나를 도자로 만들고 함께 배울 수 있는 성토공방, 예쁘고 부드러운 한지공예로 유명한 예지공방, 동물과 사람모양의 도자를 조물조물 만들어볼 수 있는 공방 '가기', 유리 작품을 직접 만들어볼 수 있는 유리공예공방 '플럭스', 체험부터 구매까지 한번에 할 수 있는 들꽃마을 도예공방 등 개성 강한 수많은 공방, 어른들이 더 좋아하는 피규어 카페, 그리고 수백 명이 동시에 도자를 만들 수 있는 체험장들. 온종일 다녀도 예스파크를 모두 볼 수 없답니다. 구석구석 걸어보면서 작은 화랑의 매력에 푹 빠져 보세요~

## 어떻게 즐길까?

### 조금만 더 설명해주세요

언제 열리나요?

이천도자기축제는 보통 4월 말에서 5월 중순까지 열리는데요.
일정이 바뀔 수도 있습니다.

쌀밥 맛집은 어디서 찾을 수 있을까요?

이천시청 홈페이지에서 착한 가격 업소 및 음식점 목록을 볼 수 있고요.
이천의 쌀밥집은 모두 맛집이 아닐까 싶습니다~

어떻게 가나요?

**예스파크**: 이천시 신둔면 도자예술로5번길 109 일대
이천도자기축제 중에는 셔틀버스가 전철역과 이천터미널 등에서 운행된답니다.

함께 방문하면 좋은 곳은?

등산을 원한다면 예스파크와 가까운 도드람산을 추천합니다~
쇼핑을 원한다면 이천 프리미엄 아웃렛을!
맛있는 이천쌀 구매는 근처 신둔농협!

### 찬쭈가 드리는 여행팁!

찬 : 예스파크에서는 가끔 리버마켓이 열리는데요. 회랑마을과 사부작길 부근에서 진행된답니다. 이천시민과 예스파크 공방작가들의 깜짝 이벤트와 함께 다양한 물건을 판매해요. 아, 학암천 개울에는 튤립길이 예쁘답니다~

쭈 : 이천도자기축제 기간에는 예스파크 구석구석에서 작은 이벤트가 열려요~ 시간 내어서 골목골목 구석구석 걸어보세요~ 다리가 아프면 깡통열차를 빌려서 다녀도 돼요~ 오빠, 이천으로 달려~

02

# 낮엔 온천리조트! 밤엔 별빛정원우주!

## 이천 테르메덴 | 시몬스 테라스

이천 지역은 예로부터 온천이 유명하답니다.

이천의 온천수는 색깔도 없고 향기도 나지 않는다고 해요. 온천 성분에는 나트륨이 많이 포함되어 있고, 피부와 신경통에도 좋다고 알려져 있답니다. 또한, 어머님들 병과 눈병에도 효과가 있는데, 위에도 좋은 약수라 해서 마시기도 한다네요. 이러한 효능이 오래전부터 알려져서 많은 사람이 찾아와 온천욕을 즐기고 있답니다.

온천테마파크 이천 테르메덴은 신갈리 숲속 온천지대에 자리 잡고 있답니다. 이천 테르메덴이 위치한 모가면 신갈리는 따뜻한 물이 솟아 벼농사가 잘 되는 곳으로 유명하지요.

'갈리아'라고 들어보셨나요? 로마시대 독일 서쪽 지역을 갈리아라 불렀는데요. 갈리아 사람들은 온천욕을 즐기며 피로를 풀었다고 해요. 이천 테르메덴은 독일 온천을 모델로 삼아 만든 온천테마파크로, 온천을 뜻하는 독일어 'therme'와 이상향을 뜻하는 '에덴동산'의 'eden'이 붙어 테르메덴이라 이름 지어졌답니다.

오늘은 온천여행을 함께 떠나보겠습니다~

Chapter 1

# 이천에서 만나는 **독일식 온천리조트**의 진수!

쭈: 쌤! 이천은 왜 온천이 유명해요?

최쌤: 음, 옛날부터 이천이 물 좋기로 유명했단다~ 그러니까 좋은 쌀이랑 복숭아, 포도가 생산되고, 유명한 소주, 맥주 공장이 지어졌지~

쭈: 물이 좋다고 온천이 유명해져요?

최쌤: 옛날에 심한 눈병을 앓는 농부가 있었는데, 이천의 온천에서 눈을 씻었더니 말끔하게 나았대~ 그때부터 이천온천에 대한 소문이 순식간에 퍼지기 시작했지!

찬: 쌤, 왜 이천엔 온천이 많은 거예요?

최쌤: 아무래도 지하에서 마그마의 활동이 활발하지 않을까?

찬: 그럼, 이천이 화산지대예요? 오늘 갑자기 터지면 어떡해요?

최쌤: 오늘 가는 이천 테르메덴도 화산이 터진 분화구에 온천을 만든 곳이야~ 우리 가보자!

찬: 쌤, 진짜예요?

최쌤: 농담이야 농담~ 자, 오늘은 이천온천의 물이 정말 좋은지 한 번 확인하러 가볼까?

찬쭈: 네!

찬: 근데 쌤! 다른 지역에도 온천이 많잖아요! 이천의 온천이 더 특별한 이유가 있나요?

최쌤: 우리 찬이 궁금한 게 많구나~ 자, 그럼 우리 같이 가서 확인해볼까?

Chapter 2

# 자, 우리 **온천의 매력**에 빠져보아요!

환상적인 야외온천!

역시 온천리조트의 로망은 야외온천이 아닐까 싶어요.

이천을 대표하는 다양한 콘셉트의 온천탕들!

쭈: 쌤, 이렇게 좋은 온천물 덕분에 더 예뻐지면 어쩌죠?

최쌤: 흠, 쭈야. 본판불변의 법칙이라는 말이 있어~ 아무리 물이 좋아도~

쭈: 힝!

찬: 그나저나 쌤, 뜨거운 물이 올라와요. 화산이 터지려나 봐요~

최쌤: 으이구~ 그래 이젠 시원한 물놀이나 하러 가자~

1층과 2층으로 나뉜 물놀이장!
물놀이장은 피부에 좋은
온천물로 가득 차 있답니다.
몸에 좋은 온천물로
아이들과 물놀이 하는 즐거움!

닥터피시로 피곤한 발 안마!

쭈: 오빠 발에만 몰려다니는데요? 오빠 무좀 있는 거 아냐?

찬: 그러는 너는! 너 들어오니깐 다 너한테로 갔어~ 그러니깐 발 좀 잘 씻고 다녀~

찜질방에서는 스웩 있게!

쭈: 찜질방에서는 품격 있는 여자~

찬: 집에서도 안 읽는 책을 꼭 찜질방에 와서 꼭 읽어야겠니?

쭈: 치! 원래 이런 데선 책을 읽어줘야 해!

캠핑의 로망, 캐러밴

쭈: 정말 여기서 잘 수 있는 거예요? 이렇게 예쁜 집에서 자면 낭만적일 것 같아요~

찬: 그럼 밖에서 자겠냐? 그리고 이거 집 아니고 차거든!

야외목욕탕

최쌤: 어디 갔나 했더니 여기 숨었구나!

찬: 쌤, 겨울이라 추워요~ 추울 땐 야외온천욕이 딱 좋아요~

쭈: 쌤도 들어오세요~ 여기 완전 따뜻해요!

Chapter 3

# 아이들과 함께 본격 **온천 즐기기!**

최쌤: 쉬었으니 이제 본격적으로 물놀이를 시작해볼까?

2층 수영장에도 가보고~ 추우면 다시 뜨거운 물에 들어갔다가~

물놀이의 묘미는 역시 쭈 물 먹이기!

Chapter 3

# 침대는 과학이 아니라 놀이터!
# 시몬스 테라스

시몬스 테라스는 시몬스 회사에서 만든 곳으로, 요즘 떠오르는 나들이 장소로 주목받고 있습니다. 매트리스부터 침대문화를 직접 느낄 수 있는 체험관과 침대의 역사를 알 수 있는 박물관, 그리고 아이들이 좋아하는 놀이터, 카페까지 있답니다.
시몬스 테라스에서는 어디든 사진 찍기 좋은 뷰포인트!

### 침대문화를 만나보아요

2층에는 침대문화박물관이 있고, 지하에는 침대를 직접 체험하고 구매할 수 있는 장소가 마련되어 있답니다.

## 어떻게 즐길까?

조금만 더 설명해주세요

### 더 즐길 방법이 있을까요?

이천 테르메덴에서 하루를 자고 간다면,
시몬스 테라스와 예쁜 카페인 '심빵'과 '꽃길'까지 걸어보세요~
참, 심빵과 꽃길에 관한 내용은 여행팁을 보세요~

### 어떻게 가나요?

**이천 테르메덴**: 이천시 모가면 사실로 988
이천과 서울에서 셔틀버스가 운행된답니다~
**시몬스 테라스**: 이천시 모가면 신갈리 382-7

### 함께 방문하면 좋은 곳은?

가까운 남이천IC 인근에 농업테마공원과 민주화운동기념공원도 좋고요.
도니울 농촌체험마을이나 서경들마을도 강추!
돌아갈 때는 모가농협에서 이천쌀 구매!

### 찬쭈가 드리는 여행팁!

찬 : 이천 테르메덴과 시몬스 테라스 앞에 있는 특별한 카페가 여행을 더 재밌게 해준답니다~ 저는 마음마저 따뜻해지는 '심빵'을 추천하고요!

쭈 : 전 직접 담근 과일청 차가 맛있는 카페 '꽃길'이 좋아요~ 아, 시몬스 테라스는 야경이 훨씬 더 예뻐요~

# 03

# 소나기의 주인공을 만날 수 있는 바로 그곳!

## 농업테마공원 | 민주화운동기념공원 | 이천생선국수

1958년 중국에서 있던 일이었어요.

벼 낟알을 먹어 치우는 참새를 보고, 누군가 참새를 모두 없애라는 명령을 내렸답니다. 누구였을까요? 나라에서 제일 높은 사람이었는데요. 중국 정부는 참새만 없애도 70만 명이 곡식을 더 먹을 수 있다며 사람들을 참새잡이로 내몰았던 것이지요. 10억 인구가 냄비를 두드리며 쫓아다녔다는데, 참새가 날다 지쳐서 떨어질 정도였다고 하니 상황이 어떤지 짐작 가시죠? 결국, 참새는 멸종에 가깝게 줄었다고 해요.

그렇다면 곡식 수확이 늘어났을까요? 현실은 정반대였습니다. 참새라는 천적이 사라지자 메뚜기를 비롯한 곤충과 해충이 늘어나서 오히려 흉년이 왔다고 해요. 결국, 3년 동안 3천만여 명이 굶어 죽었다네요. 이 일을 통해서 우리는 자연과 조화롭게 살아야 한다는 교훈을 얻을 수 있지 않을까요?

이천에는 농업테마공원이 있답니다. 이곳에서는 우리 민족의 농업역사와 문화를 만날 수 있고요. 땅과 하늘과 사람이 조화롭게 살아가는 방법도 배울 수 있답니다.

자연과 사람과 농업과 평화를 배워나갈 수 있는, 이천시 농업테마공원과 민주화운동기념공원을 우리 함께 만나보아요~

Chapter 1

# 『소나기』와 대한민국 민주화의 주인공을 만날 수 있는 곳

농업테마공원은요!

사랑하는 가족과 원두막에 앉아서 노오란 들판을 바라보는 즐거움! 옛 농촌을 생각하면 누구나 떠올리는 그림인데요. 이젠 어디서도 찾아보기 힘들죠?

이곳 농업테마공원에서는 소설『소나기』속 소년 소녀의 원두막도 만날 수 있고요. 엄마 아빠의 옛 추억을 떠올릴 수 있는 황금빛 논둑에도 앉아볼 수 있답니다. 풍요로움이 가득한 이천 농촌테마공원으로 놀러 오세요.

민주화운동기념공원은요!

풍요를 상징하는 농업테마공원 바로 아래에는 자유를 위해 싸우다 희생된 분들의 묘소와 함께 그분들을 기리는 이천민주화기념공원이 있답니다.

최쌤: 애들아~ 요즘 일부 어린 친구들이 왜곡된 역사관을 갖고 민주주의의 역사를 조롱하기도 하는데, 그 친구들을 이곳에 데려와서 보여주고 싶어~

쭈: 그런 바보 같은 사람이 있어요?

찬: 저처럼 역사교육을 제대로 받았다면, 그런 표현을 쓸 수는 없죠!

쭈: 맞아! 우리 오빠는 한국사 1급 자격증이 있어요~

최쌤: 맨날 싸우다가 이럴 땐 오빠 편드는구나~

꿈을 생각해볼 수 있는 곳

최쌤: 애들아. 너희는 커서 꿈이 뭐니?

찬: 전 역사연구도 하고 싶고요~ 프로그래머가 되고도 싶어요~

최쌤: 선생님은 더 클 수 있다면 100미터의 거인이 되고 싶다. 또 가능하다면 과거로 돌아가고 싶어. 그리곤 물에 빠진 배를 구하고 싶단다.

Chapter 2

# 농업테마공원의 풍요로움, 민주화운동기념공원의 감사함

### 쌀문화관

우리 민족은 밥심이죠!

쌀밥의 역사가 우리 민족 농경의 역사가 아닐까 싶은데요.

쌀문화관에서는 쌀 재배의 역사와 발전, 그리고 벼농사의 현황까지 재밌게 체험하고 공부할 수 있답니다!

### 즉석 이천쌀 정미기

즉석 이천쌀 도정 자판기는 신선한 이천벼 낟알을 즉석에서 찧어주는 자판기랍니다. 현미부터 11분도까지 선택의 폭도 다양한데요. 분도란 낟알의 겉껍질을 벗긴 정도를 나타내는 단위를 말해요~

최쌤: 짜잔~ 사실 이곳에서 내가 제일 좋아하는 건 여기 이천쌀 도정 자판기란다.

쭈: 쌤, 이게 뭐예요? 쌀 자판기요? 쌀은 집에 다 있지 않나요?

최쌤: 이건 좀 달라~ 가장 맛있는 밥이 어떤 밥인지 아니?

찬: 배고플 때 먹는 밥이요~ 배고플 땐 다 맛있어요!

쭈: 오빤 언제나 다 맛있다고 하잖아!

최쌤: 가장 맛있는 밥은 당일 찧은 쌀로 지은 밥이란다~

농촌테마공원 물놀이 분수

여름엔 어른들은 원두막에서,
아이들은 물놀이장에서!

농촌테마공원 펜션

시골의 정취 속에서 하룻밤 쉬어갈 수 있는 1박 2일 휴식터

라이스카페

이천현미라테부터 이천쌀 느린 식혜, 이천쌀 컵케이크까지!

다랭이논

샛막이라고 아시는지요? 과일 도둑을 막으려 세우는 건 원두막! 벼를 쪼아먹으려는 참새를 막으려 세우는 건 샛막! 샛막에 앉아서 풍요로운 옛 시골 정취를 함께 느껴보시죠~

민주화운동공원 전시실

① 제1전시실 - 만남

'만남'이라는 주제로 민주열사들이 즐겼던 문화예술을 만나보고, 민주나무를 통해 민주열사들과 소통할 수 있는 공간입니다. 민주주의 역사와 관련한 다양한 정보를 검색하고 즐길 수 있는 전시실이랍니다!

② 제2전시실 - 역사·공감

최쌤: 이곳은 민주화운동의 발자취와 민주열사의 열정과 희생으로 이루어낸 성과를 목격할 수 있는 공간이란다~

찬: 쭈야! 너가 이렇게 자유롭게 다닐 수 있는 이유도 민주열사의 희생 덕분이지~

쭈: 오빠도 마찬가지지!

Chapter 3

# 이천에 오셨다면 **이천생선국수** 한 그릇은 하셔야죠!

최쌤: 이천을 대표하는 음식에는 뭐가 있을까?

쭈: 먹는 건 '먹 전문가' 우리 뚱보 오빠가 잘 알아요~

찬: 에헴, 이천하면 당연히 쌀밥이죠~ 따끈한 쌀밥에 간장게장 올려 먹으면 최고죠~

쭈: 저는 다 맛있는데요. 생선국수가 제일 맛있었어요!

찬: 맞다! 생선국수 최고예요! 생선 뼈도 있고, 비릴 줄 알았는데 그런 게 하나도 없어서 정말 맛있었어요!

최쌤: 쭈가 제대로 아는구나. 생선국수는 이천을 대표할 만하지. 예전에는 냇가로 소풍 가면 물고기를 잡아서 고추장 양념을 풀고 국물 내어서 바로 국수를 삶아 먹었지~

찬: 이천생선국수가 유명해진 계기가 있다면서요?

최쌤: 옛날에 MBC 유명 음식프로그램에 나와서 만장일치로 1등을 했지~ 덕분에 이천에 생선국숫집이 많이 생겼어~

쭈: 쌤, 못 참겠어요! 우리 얼른 가서 생선국수 먹어요!

## 어떻게 즐길까?

조금만 더 설명해주세요

체험시즌은 언제예요?

두 곳 모두 사계절 상관없이 방문할 수 있고,
매주 월요일은 휴관입니다.

민주화운동기념공원에는 특별한 프로그램이 있다면서요?

네, 학생 단체 관람객을 위한 만들기 체험프로그램이 있답니다.
민주화운동과 관련된 만들기 체험도 고고!

어떻게 가나요?

**농업테마공원**: 이천시 모가면 공원로 48
**민주화운동기념공원**: 이천시 모가면 어농리 산28-5

함께 방문하면 좋은 곳은?

가까운 곳에 온천리조트인 이천 테르메덴이 있고요.
주변 농촌체험마을 방문도 추천합니다~

### 찬쭈가 드리는 여행팁!

쭈 : 농업테마공원과 민주화운동기념공원은 중부고속도로 남이천IC 입구에 위치해 있어요~ 민주화운동기념공원 먼저 방문하시고 농업테마공원으로~

찬 : 쌤이 그러는데요. 이천생선국수에서는 '옛날 소면'으로 주문하면 예전 냇물에서 고기를 잡으며 먹을 때 그 맛 그대로 해주신다고 해요! 전 잘 모르지만요~

## 04

# 없는 게 없는 1박 여행의 백미!

### 청암관광농원 | 이천커피체험농장 | 화각장

한 연구에 따르면, 커피를 자주 마시는 사람들이 치매에 걸릴 확률이 낮다고 해요. 하루에 3잔의 커피를 마시면 치매까지 예방할 수도 있고, 커피를 주기적으로 마시는 사람들은 그렇지 않은 사람보다 더 행복할 확률이 높다고 해요. 커피를 마시면 신경 전달 물질이 만들어져 기분이 좋아지고, 스트레스 해소에도 도움을 준다고 하니 만병통치약이 따로 없네요. 하지만 개인적인 생각인데, 커피의 이런 장점은 커피의 어떤 성분보다는 커피를 마시며 사람들과 이야기를 나눌 수 있기 때문이 아닐까요?

코로나바이러스가 인간의 삶을 참 많이 변화시켰어요. 우스갯소리로 인간은 코로나 이전과 이후로 나뉜다며, 코로나 이전을 B.C.(Before Corona)라고 부르기도 한다네요. 사람들은 격리된 생활을 하다 보니 새장에 갇힌 새들의 심정을 느껴보게 되었고, 견디기 힘든 스트레스까지 얻었는데요. 무엇보다도 이런 고통을 견뎌내는 힘은 자연 속에서 가족과 함께하는 삶에서 나온다는 것을 깨닫게 되었다고 생각해요.

사람들과 함께 휴식과 글램핑을 즐기고, 커피나무 향의 위로가 있는 곳, 이천의 청암관광농원과 이천커피체험농장으로 오세요!

Chapter 1

# 4계절 내내 놀고 즐길 수 있는 **1박 여행의 백미!**

최쌤: 얘들아. 문제 하나 내볼게~

'사슴이 눈이 참 좋다'를 영어로 말하면?

쭈: 눈사슴?

찬: 설마, 쌤 또 아재개그 하려는 거죠?

최쌤: 그건 바로 '굿 아이(Eye)디어(deer)!'

찬·쭈: 우우~ 맨날 아재개그!

쭈: 쌤, 아재개그 그만하시고요. 오늘은 어디로 여행을 떠날 거예요?

최쌤: 오늘은 낚시도 하고, 고구마도 구워 먹고, 썰매도 타고, 집라인도 타볼까?

쭈: 이천에 그런 곳이 있어요?

최쌤: 그럼~ 거기에다 너희가 가장 좋아하는 눈썰매도 있지! 우리 눈썰매도 타볼까?

찬: 그건 정말 굿아이디어! 인데요!

쭈: 좋아! 가요!

Chapter 2

# 청암관광농원은요!

사계절 내내 아이들과 함께 즐길 수 있는 농원여행!

1989년 개장한 청암관광농원은요. 2대째 운영하는 종합휴양지이자 레저타운입니다. 축구장 2개와 족구장, 그리고 카페, 강당, 회의실까지 없는 게 없답니다. 큰 강당도 있고, 숙소도 크고 음식도 맛있어서 회사 연수회나 대학생 MT 장소로도 인기가 높답니다~

쭈: 헉헉…. 쌤, 청암관광농원에서 하루 내내 놀았더니 너무 힘들어요~ 근데 정말 재밌어요!

최쌤: 쭈야! 너는 오늘 청암관광농원 프로그램 중에 어떤 게 가장 맘에 드니?

쭈: 다 맘에 드는데….

빙어잡이 체험

청암관광농원의 자랑인 빙어잡이 체험!

쭈: 쌤! 빙어가 생각보다 빠르더라고요~

찬: 전, 낚싯바늘로 잡는 줄 알았는데 뜰채로 뜨면 되는 거였어요!

쭈: 그치, 오빠~ 쉽게 잡을 줄 알았는데. 나는 몇 마리 못 잡았어~

쭈: 어쨌든, 빙어잡이가 제일 재밌었어요!

빙어 튀김 먹기

쭈: 먹긴 미안했지만 제가 잡은 물고기를 먹는다는 게 재밌고 신기했어요~

찬: 우우, 빙어가 불쌍해서 못 먹겠어요.

쭈: 꺅, 빙어랑 눈 마주쳤어!

최쌤: 얘들아, 원효의 해골물 효과라고 아니? 그냥 김말이 튀김이라 생각하고 먹어~ 흠, 그럼 긴 말이 필요 없지!

쭈: 쌤, 또 아재개그!

눈썰매

말이 필요 없는, 가장 재밌는 겨울 놀이!

찬: 쭈야! 우리 딱밤 맞기 경주하는 게 어때?

쭈: 안 돼! 오빠는 몸무게가 많이 나가니깐 유리하잖아!

찬: 무게가 많이 나가면, 마찰력이 커져서 잘 안 미끄러질 거야~

쭈: 그래? 그럼 해볼까?

무섭지만 신나는 집라인 타기!

청암관광농원 연못을 가로지르는 집라인 타기

쭈: 오빠, 조심해! 오빠 무게를 견디지 못하고 줄이 끊어질지 몰라~

마시멜로 구워 먹기

캠핑을 좋아하는 사람들의 꿈인 마시멜로 구워 먹기!

최쌤: 너흰 마시멜로를 어떻게 만드는지 알아?

찬: 글쎄요? 어떻게 만들어요?

최쌤: 추수가 끝나면 논 한가운데 하얗게 쌓아놓은 거 본 적 있지? 거기서 조금씩 떼어 만드는 거지~

쭈: 쌤? 진짜요? 여기 올 때도 엄청 많이 봤는데! 우리 그거 가지러 갈까요?

찬: 쯧쯧쯧, 우리 쭈가 이렇게 순진해요~

돼지 꼬치구이 먹기

누구나 상상해보던 삼겹살을 장작불에 구워 먹는 경험!

쭈: 오빠! 침 흘리는 거야?

찬: 와~ 진짜 맛있겠다.

쭈: 오빤 친구가 불타고 있는데 침이 아니라 눈물이 흘러야 하는 거 아냐?

찬: 뭐야!

역시 놀이의 백미는 간식

쭈: 나는 장미꽃보다도, 안개꽃보다도, 어묵꼬치가 제일 좋아~

Chapter 3

# **이천커피체험농장**에서 커피콩 한번 따 보시렵니까?

이천의 커피체험농장

찬: 이천에서 커피를 수확할 수 있다고요?

쭈: 이천에 온천이 많다는 것도 이제 알았는데, 이천에 커피도 있어요?

최쌤: 그럼~ 이천은 토질이 좋아서 온도와 환경만 잘 맞춰주면 좋은 커피도 수확할 수 있지~

찬: 처음엔 안 믿겼는데, 이젠 신기한 것들을 하도 많이 봐서 믿을 수 있을 것 같아요~

쭈: 쌤, 근데 커피는 어떻게 생겼어요?

최쌤: 사실은 나도 처음 본다~ 자, 다 왔으니 함께 구경해보자~

찬: 와~ 온실 안이 열대 밀림 같아요!

커피사장님: 안녕하세요~ 커피나무 숲은 처음 보죠?

찬·쭈: 네~

커피사장님: 넓은 농장에 커피나무 숲 말고도 다른 나무들도 많아요. 바나나와 구아바, 백향과, 비파, 파파야 등 다양하죠~

쭈: 오빠! 여기 진짜 바나나 나무가 있어!

커피나무 치유농장

이천커피체험농장에서는 커피를 직접 수확하고 로스팅하고 맛볼 수 있고요. 커피묘목도 구입할 수 있답니다.

최쌤: 사장님, 이곳 커피나무로 특별한 일을 계획하신다던데 어떤 일인지 알 수 있을까요?

커피사장님: 반려동물이 있는 것처럼 우리에게 반려식물도 필요하다고 생각해요. 사실 요즘 대한민국 사람들에게 가장 친숙한 것은 솔잎 향이 아니라 커피 향이라 생각합니다. 또한, 커피 성분이 알츠하이머를 예방한다는 연구 결과도 있는데요. 우린 커피와 함께 일생을 살아가는 거죠.

최쌤: 와~ 신선한 발상이에요. 반려식물이면 집에서 키우는 식물 말씀이신가요?

커피사장님: 그런 것도 있지만, 스트레스나 우울함 같은 사람들의 아픈 마음을 커피나무를 통해서 치유하는 프로그램을 운영할 예정입니다~

최쌤: 기대가 큽니다!

Chapter 4

# 소뿔로 만드는 세상
# 화각장

최쌤: 화각장 선생님, 화각이라고 하면 생소한데요. 설명 부탁드리겠습니다~

화각장: 화각은 소의 뿔을 얇게 갈아 만든 판을 말합니다. 화각을 공예에 이용하는데요. 재료도 귀하고 공정도 까다로워서 삼국시대와 고려시대에는 귀족들이 이용하던 호화로운 공예가 바로 화각공예랍니다. 아, 저처럼 화각공예를 하는 사람을 화각장이라 부릅니다.

최쌤: 아버님이 화각공예 무형문화재라고 알고 있는데요. 선생님께서 아버님의 뜻을 이어서 화각장이 되셨잖아요. 혹시 가장 뿌듯했던 작업이 있으실까요?

화각장: 백제 의자왕이 일본 왕에게 내려준 목화자단기국을 복원하는 일을 맡은 적이 있는데요. 제 모든 힘을 다해서 그대로 복원했습니다.

최쌤: 사실 제가 그걸 제일 먼저 확인해 봤잖아요. 보는 순간 눈물이 터질 뻔했습니다. 이제 우리 대중에게 공개하실 수도 있으시죠?

화각장: 비공개 기간이라 아쉽네요. 대신 비슷한 화각공예작품을 보여드리겠습니다~

## 어떻게 즐길까?

조금만 더 설명해주세요

### 체험시즌은 언제예요?

청암관광농원은 계절별로 즐길 수 있는 체험이 다르답니다.
예약은 홈페이지에서!

### 청암관광농원으로 수련회도 갈 수 있나요?

네, 가족 단위부터 많은 인원까지 가능하고요.
식사와 바비큐 등 코스에 따라 비용이 달라집니다.

### 어떻게 가나요?

**청암관광농원**: 이천시 부발읍 황무로1720번74
**이천커피체험농장**: 이천시 신둔면 마교리(이천시청 홈페이지 참고)

### 함께 방문하면 좋은 곳은?

청암관광농원과 가까운 곳에 서희테마파크가 있답니다.
자녀와 오신다면 한번 방문해보세요~

### 찬쭈가 드리는 여행팁!

찬 : 빙어 잡기가 생각보다 어려운데요. 제가 쉽게 잡을 수 있는 팁을 알려드릴게요~ 첫 번째는 매복했다가 단번에 냉큼! 아니면 빙어를 따라가며 챔질!

쭈 : 화각 체험이 비싸서 하기 힘든데요. 가끔 화각장 선생님께서 이벤트를 여실 때가 있어요. 공지를 잘 확인하시면 체험 득템!

## 05

# 내 마음도 파랗게 물들여주세요~

### 쪽빛나라 | 인온아트센터 | 남혜인 천연염색

손가락 끝을 빨갛게 물들이는 봉숭아 꽃물을 아시나요?

우리 민족의 대표적인 염색이 봉숭아 꽃물인데요. 꽃물에는 아주 오래된 이야기가 전해온답니다. 고려 충선왕이 원나라에 머물 때 일이었어요. 손가락에 하얀 천을 대고 실로 꽁꽁 동여맨 고려 출신 소녀를 보자 왕은 이렇게 물었어요.

"넌 어찌하여 손가락을 실로 동여매고 있느냐?"

소녀의 아버지는 관직에서 쫓겨났으며 자식들도 모두 원나라로 끌려왔고, 아픈 맘을 달래려 봉숭아 꽃물을 들였노라고 소녀는 왕에게 말했답니다. 고려에 다시 돌아온 왕은 소녀를 고향으로 불러오려 했지만, 소녀는 이미 이 세상 사람이 아니었다고 해요. 소녀의 죽음을 슬퍼한 왕은 소녀를 기억하기 위해서 궁궐 안에 많은 봉숭아를 심게 했다고 해요.

이렇게 열 손가락 예쁜 봉숭아 꽃물보다 더 파랗고, 붉은 천연염색이 있답니다. 쪽잎으로 염색하면 하늘보다 더 파랗게 염색할 수 있고요. 홍화씨로는 더 붉게 하늘을 수놓을 수 있답니다.

쪽의 푸른빛과 홍화씨의 붉은빛 염색은 영원히 변치 않는다고 하는데요. 이천에서는 쪽과 홍화꽃을 직접 수확해서 전통방식 그대로 염색물을 만드는 천연염색을 함께 경험할 수 있답니다.

우리 이천에서 찬쭈와 함께 마음마저 파랗게 물들여볼까요?

Chapter 1

# 청출어람? 청어람!

최쌤: 너네, 청출어람이 무슨 뜻인지 아니?

쭈: 청출어람이요? 물고기 이름인가요?

찬: 쌤, 무슨 뜻이에요?

최쌤: 옛날에는 자연 물질로 염색을 했는데, 노란색은 치자꽃으로, 파란색은 쪽으로, 빨간색은 홍화씨로 했단다.

쭈: 쌤, 그럼 치자단무지가 치자꽃으로 염색한 거예요? 헐, 염색한 걸 먹어도 되는 거예요?

최쌤: 치자는 자연상태 그대로니깐 당연히 먹어도 되지!

최쌤: '청출어람 청어람'이라는 말은, '쪽풀에서 나온 푸른색이 쪽보다 더 푸르다!' 뭐 이런 말이야. 쪽풀은 푸르죽죽한 색인데, 거기서 나온 물은 새파란 색이거든~ 스승에게 배운 학생이 스승보다 더 뛰어나게 된다는 뜻으로 사용되지~

찬: 아~ 그럼 우리가 파란색이고 쌤이 쪽인 거네요? 쪽선생님!

최쌤: 헐…. 그걸 또 이렇게 금방 써먹냐?

Chapter 2

# 천연염색, 우리 마음을 물들여요!

### 쪽빛나라는요!

① 천연염색·쪽 염색 전문가 과정, 쪽 농사 일체와 천연염색을 가르친답니다.

② 발효쪽 염색을 직접 체험할 수 있고요.

③ 원하는 소재에 필요한 염색을 해드린답니다.

④ 한국의 쪽빛을 줄여서 킨디고(K-indigo)라 하는데요, 킨디고 기업에서는 발효쪽 염색 소재를 활용하여, 의류 브랜드를 만들어 판매합니다. 킨디고 브랜드 중 하나가 '더 쪽'입니다.

### 쪽 염색이란?

쪽이란 맑고 푸른 색소를 가지고 있는 한해살이 식물입니다. 쪽빛나라에서는 쪽풀을 직접 농사를 지어, 색소(니람)를 만들고, 자연발효라는 기다림을 거쳐, 장인의 손길로 쪽 염색을 한답니다.

① 3월 초에 쪽씨앗을 파종하고, 7월 말부터 베어 준비합니다.
② 쪽풀에서 쪽색소를 농축하는, 니람(泥藍)을 만들어 발효쪽염의 원료를 생산합니다.
③ 이렇게 만들어진 쪽색소(니람)를 콩대나 마른 쪽줄기를 태운 잿물에 풀고, 효모가 살아 있는 막걸리와 물엿을 섞어서 발효 및 숙성 과정을 거칩니다.
④ 연한 하늘색 쪽빛에서 진한 감청색의 쪽빛까지, 원하는 색이 나올 때까지 반복 염색을 합니다.
⑤ 원하는 색이 나오면 천을 건조하여, 여러 번 맑은 물에 헹구어 말리면 하늘은 파아란 세상!

쭈: 쌤, 너무 어려워요! 이걸 언제 농사 지어서 언제 염색을 해요?
쪽쌤: 그래서 이곳에 오면 원하는 과정을 콕 집어서 체험할 수 있단다~

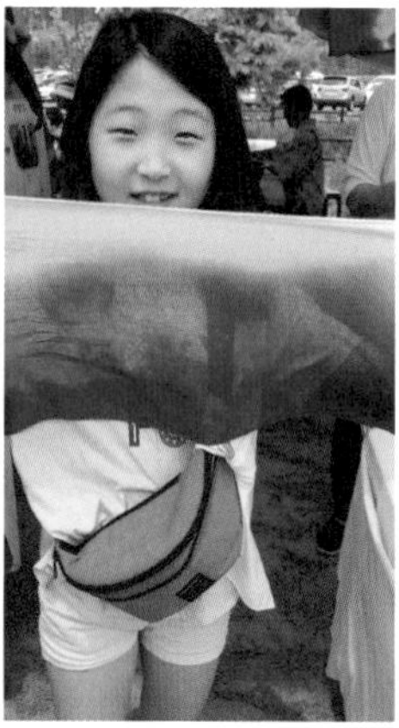

Chapter 3

# 벚꽃 흩날리는 인온아트센터

쪽빛나라가 전통자연염색을 이용해서 제품을 만들고 체험하는 곳이라면, 인온아트센터는 대중이 편하게 즐길 수 있는 예술체험터라 할 수 있답니다.

섬유 직조와 섬유 염색!

섬유 직조 전문가와 함께 예쁜 섬유 만들기~

그리고 벚꽃 날리는 하늘 아래 파란 천연염색!

도자만들기와 핸드페인팅!

최쌤: 좋아~ 누가 더 예쁜 컵을 디자인하는지 보겠어~

쭈: 난 여기 산수유꽃 보면서 그려야지~

Chapter 4

# 남혜인 천연염색

율면 부래미마을의 남혜인 선생님은 20년 넘게 천연염색을 하고 계십니다.
홍화를 직접 재배해 홍화꽃을 따고, 홍화 줄기를 태워서 잿물까지 만드는 모든 과정을 조선시대 전통방식 그대로 홍화염색을 합니다.
대한민국 최고의 홍화염색인 남혜인 천연염색을 사진으로 만나볼게요~

## 어떻게 즐길까?

조금만 더 설명해주세요

### 체험시즌은 언제예요?

쪽빛나라와 남혜인 염색은 언제라도 체험할 수 있지만,
주로 겨울을 제외한 시기에 가능합니다.
인온아트센터는 365일 체험이 가능합니다. 홈페이지로 문의 바랄게요~

### 어떻게 가나요?

**쪽빛나라**: 이천시 마장면 작촌로35번길 313
**남혜인 천연염색**: 이천시 율면 금율로640번길 235-34
**새미염색공방**: 이천시 백사면 이여로428번길 205-32
**인온아트센터**: 이천시 백사면 청백리로89번길 31

### 함께 방문하면 좋은 곳은?

쪽빛나라와 가까운 곳에 아이들이 좋아하는 공룡수목원과
반려동물 캠핑장이 있답니다. 남혜인 염색은 부래미마을 안에 있어서
농촌체험과 함께하기에 좋답니다.

### 찬쭈가 드리는 여행팁!

쭈 : 벚꽃이 활짝 핀 봄, 인온아트센터에서 축제가 열리는데요.
최고 셰프의 음식과 로맨스 가득한 바리스타의 커피를 즐길 수 있답니다~

찬 : 쪽빛나라에서는요! 쪽 수확할 때 가시면 진짜 쪽잎을 볼 수도 있고,
쪽잎으로 간단한 체험도 가능합니다~

# Part 2

# 아이와 함께하는 가족여행은 언제나 옳다!

이천쌀로 케이크도 만들고
돼지와 함께 게임도 하고
포도나무 평상에 앉아 피크닉도 즐기고
수백 년 이어온 도예촌에서 도자기도 구경하고
설봉호수 공원과 힐링로드에서
<센과 치히로의 행방불명> 속 기차역도 만날 수 있는 곳.
우리 함께 떠나보아요~

1 체험여행의 끝판왕, 이천 체험문화축제!
체험문화축제+딸기농장

2 어머! 이 돼지가 우리가 알던 그 돼지야?
돼지테마파크 '돼지 보러 오면 돼지'+마실

3 알알이 박혀 행복을 만드는 포도 따기!
임마누엘 포도농원+어재연장군생가

4 이곳은 365일 도자축제장!
사기막골 도예촌+이천도자판매장

5 세상에서 가장 아기자기한 꿈동산!
설봉산+관고전통시장

## 01

# 체험여행의 끝판왕,
# 이천 체험문화축제!

### 체험문화축제 | 딸기농장

멀고 먼 옛날부터 도구는 인간과 연결되어 있었어요. 그런데 시간이 흐르면서 도구는 복잡해지며 기계로 발전했는데요. 이내 우리는 버튼을 사이에 두고 도구와 멀어졌답니다.

농촌과 도시도 멀어졌는데요. 예전에는 농촌과 도시가 서로 의지했지만, 지금은 각자 삶이 바빠서 서로 다른 길을 가고 있답니다.

소비자와 생산자도 마찬가지예요. 우리는 이제 먹고 쓰는 것들이 어떻게 만들어지는지 궁금해하지 않잖아요.

놀이터와 아이들은 또 어떻고요. 많은 숙제와 공부, 공부, 공부. 아이들은 책상과 스마트폰 앞에만 앉아 있어요.

이천 체험문화축제는 연결고리예요. 축제에서는 도구를 만지고 놀며, 도구의 원리를 생각해볼 수 있답니다. 소비만 하던 우리 아이들에게 생산의 기쁨을 느끼게 해줄 수도 있고요. 축제에는 아이들 모두가 스마트폰을 놓고 신나게 뛰놀 수 있는 프로그램이 준비되어 있답니다.

아이들과 함께 뛰고 만지고 생각하면서, 우리 모두 신나게 이천 체험문화축제를 즐겨보아요~

이천체험문화축제
작업실푼푼·꼼지락쟁이
이천체험문화축제
리봉앤스토리
[체 험]
패브릭 가방
4,000원
[체 험]
석고방향제
4,000원
[체 험]
패브릭 가방
4,000원
[체 험]
석고방향제
4,000원
헤어밴드
4,000원
리본핀
3,000원
[체 험]
패브릭 가방
4,000원
[체 험]
석고방향제
4,000원
버블바스 1,000원

Chapter 1

# 100가지 **체험!** 1,000가지 **즐거움!**

찬: 쌤! 진짜 이천의 모든 문화체험을 여기서 다 할 수 있는 거예요?

최쌤: 당근이지! 이천 체험문화축제는 이천의 체험 농가 대부분 참여하는 축제라, 이천의 문화체험을 한자리에서 경험할 수 있단다!

쭈: 와! 쌤! 저기 열기구가 있어요? 저기 맞죠? 저 저거 꼭 타볼래요!

찬: 하…. 너 요즘 엄청나게 먹던데, 열기구가 널 감당할 수 있을까?

쭈: 뭐야! 뚱뚱보 오빠가 할 소리는 아닌 거 같은데?

최쌤: 자자, 그래! 그럼 열기구부터 타볼까?

찬: 하하, 저는 컨디션이 안 좋아서…. 사양할게요~

쭈: 오빠는 겁쟁이라서 이런 거 못 탄대요~

찬: 겁쟁이가 아니라 과묵한 거야!

최쌤: 과묵한 게 아니라 묵직한 거 아니니?

# Chapter 2 이천의 체험문화축제는요!

이천의 100가지 다양한 체험프로그램을 이천 체험문화축제에서 함께해보세요~

미스트 만들기

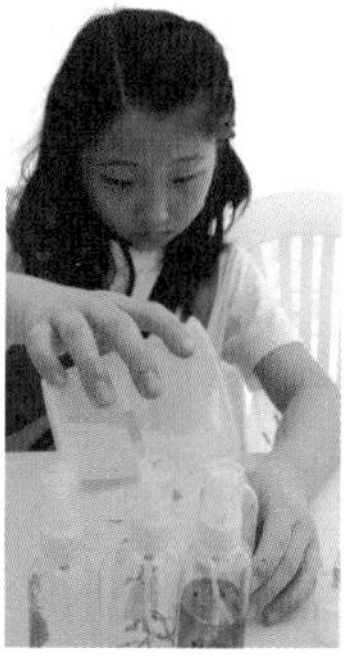

최쌤: 우리 얼굴 예뻐지는 미스트를 만들어볼까~

쭈: 쌤, 이거 뿌리면 정말 예뻐져요?

최쌤: 음, 수세미액이 들어가서 친환경적이지~

쭈: 아니요. 예뻐지냐고요?

최쌤: 뭐랄까…. 피부 자극도 적어서 좋아~

찬: 쭈야, 선생님은 난감한 질문엔 답을 안 하셔~

쭈: 힝~

쪽 염색

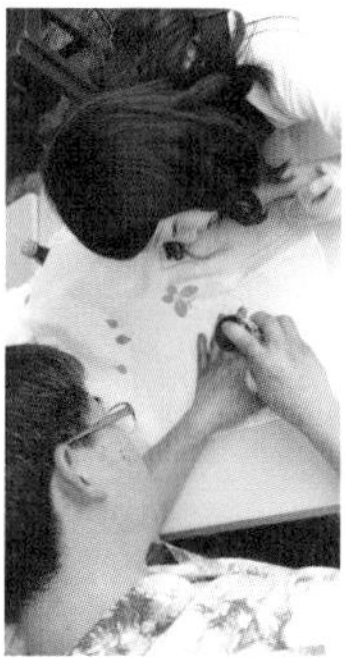

쪽쌤: 맘에 드는 쪽잎을 하나씩 따오세요~ 간단한 염색도 즐길 수 있답니다~

나무조각 공예

찬: 쌤! 나무조각공예를 하고 싶은데 줄이 너무 길어요.

최쌤: 인내는 쓰지만, 열매는 단 법이야~ 기다려!

찬: 하고 싶은 체험은 정말 많은데 시간은 없어서 슬퍼요!

Chapter 3

# 아이들과 함께 **체험문화축제** 속으로!

찬쭈와 함께 이천 체험문화축제!

최쌤: 축제는 뭐니 뭐니 해도 페이스 페인팅!

쭈: 얍~ 제가 그린 그림을 도자컵에 넣을 수도 있어요~

쭈: 세상에서 가장 달콤한 한과도 만들 수 있고요!

쭈: 소떡소떡, 먹거리도 빼먹을 수 없죠!

찬: 넌 시작부터 먹기만 하니!

쭈: 금강산도 식후경이라고!

쭈: 쌤, 이젠 리본핀도 만들어볼래요!

찬: 리본핀을 꽂는다고 예뻐질 수 있을까?

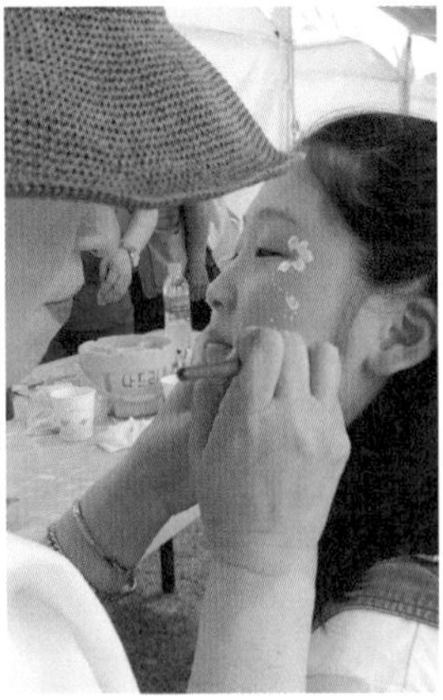
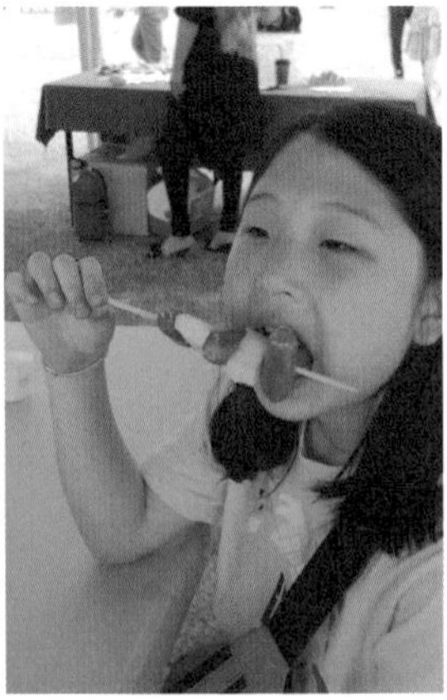

아이들이 좋아하는 체험 추천!

## 즐거운 놀이

물총놀이, 물놀이, 열기구 타기

## 무료체험 프로그램

인절미 만들기, 페이스 페인팅, 버블체험, 전통놀이 등

## 농촌체험 프로그램

버섯, 다육 심기, 딸기 퐁듀, 고구마묵 만들기 등

## 먹거리체험 프로그램

삼색떡, 쌀피자, 호박 요리, 산수유비빔밥, 삼색유과 만들기 등

## 공예체험 프로그램

전구화분, 도자기, 천연염색, 돼지탈, 쌀비누, 3D목공퍼즐, 우드샤프 만들기 등

## 스포츠체험 프로그램

당나귀, 트랙터마차 타기, 미꾸라지 잡기 등

Chapter 4

# 딸기 향의 달콤한 유혹

쭈: 좋아하는 체험을 많이 했더니 너무 힘들어요~ 이젠 무얼 하러 가나요?

최쌤: 쭈가 가장 좋아하는 것!

쭈: 딸기요? 오~ 예!

최쌤: 자, 문제 나간다! 딸기를 재배할 때 좋은 점은 뭐가 있을까? 참고로 힌트는 옥수수나 토마토와는 다르다는 점이지!

쭈: 달고 맛있다!

최쌤: 뭐 그럴 수도 있겠지만 다른 점이 있지. 농부들이 좋아해!

찬: 혹시 여러해살이풀인가요?

최쌤: 오~ 정답! 감자나 옥수수처럼 매년 심어야 할 필요가 없어~ 해가 바뀌어도 계속 자라거든.

최쌤: 자, 이천 딸기 따러들 많이 오세요~

## 어떻게 즐길까?

조금만 더 설명해주세요

체험시즌은 언제예요?

체험문화축제는 봄 또는 가을에 열립니다~

이천의 문화체험을 슬기롭게 즐길 방법이 있다면서요?

네, 이천시청 홈페이지를 확인하시면
더 많은 체험을 즐길 수 있답니다.

어떻게 가나요?

체험문화축제는 예스파크, 또는 이천농업테마공원에서 열립니다.
**산촌딸기농장**: 이천시 신둔면 황무로617번길 5
**작은사랑딸기농원**: 이천시 설성면 송계리 702
인터넷으로 검색하시면 더 많은 업체를 만날 수 있답니다.

### 찬쭈가 드리는 여행팁!

찬 : 체험문화축제를 제대로 즐기는 방법은 제가 알아요!

쭈 : 뭔데, 오빠?

찬 : 체험문화축제는 뷔페랑 비슷해! 뷔페에서 한 바퀴 돌면서 이런 거 저런 거 먹으며 맘에 드는 걸 조금 먹어보고, 그다음엔 좋아하는 음식을 공략하잖아~ 마찬가지로 체험문화축제도 살짝 모두 맛보고 원하는 체험을!

쭈 : 오~ 오빠 천재다!

## 02

# 어머! 이 돼지가 우리가 알던 그 돼지야?

### 돼지테마파크 '돼지 보러 오면 돼지' | 마실

이제는 돼지와 소를 큰 규모로 키우지만, 70년대만 해도 시골에서는 집집마다 돼지 여러 마리와 소 한두 마리씩은 키웠답니다. 돼지는 배설물 치우는 게 힘들지만, 먹이에 대한 걱정이 적었어요. 왜냐하면, 돼지는 아무거나 잘 먹거든요. '저걸 어떻게 먹어?' 하고 놀라는 것들도 특유의 소리를 내면서 먹어 치운답니다. 서남아시아에서 돼지를 불결하다며 먹지 않는데, 그건 종교보다 돼지의 강력한 식성 때문이랍니다. 돼지는 심지어 옥수수의 남은 뼈대까지도 먹는다고 해요. 가을에 김장하고 남은 무청과 배추 껍질은 이 녀석들이 가장 좋아하는 먹잇감이었죠~ 돼지우리는 시골의 음식물 쓰레기 처리장이었던 거죠.

돼지는 우리 사람들에게 가장 익숙한 먹거리예요. 삼겹살로 대표되는 한국인의 최애 메뉴도 돼지잖아요. 이렇게 우리의 식생활에 꼭 필요한 돼지인데, 우리는 돼지에 대해서 잘 모르고 있지는 않을까요?

돼지테마파크 '돼지 보러 오면 돼지'는 돼지를 만져보고 알아가고 공부하고 함께 놀 수 있는 특별한 체험터랍니다~

돼지박물관
MUSEUM PIG
PIG
MUSEUM

Chapter 1

# 어머! 이 돼지가 우리가 알던 **그 돼지야?**

최쌤: 아낌없이 주는 나무처럼, 인간에게 가장 많은 걸 주는 동물은 무엇일까요?

쭈: 소! 왜냐하면, 제가 좋아하는 등심부터 소꼬리까지 맛있으니까요! 도가니탕도 좋아요~

찬: 정답! 닭이요! 달걀을 주고 치킨도 먹으니깐요! 치킨 내 사랑~

최쌤: 역시 너희들은 먹는 것 하나는 전문가구나~ 소랑 닭도 많은 걸 주지만, 내 생각에는 돼지가 아닐까 싶어! 돼지는 인간을 위해 무려 184가지를 남기고 떠나거든.

찬: 쌤, 털은 쓸모없잖아요!

최쌤: 후후. 모르는 말씀! 돼지 털은 최고급 칫솔로 사용되기도 했지.

쭈: 진짜요? 우린 그럼 지금까지 돼지 털로 이를 닦은 건가요?

찬: 어허, 예전에 그랬다는 말이시겠지!

최쌤: 어쨌든, 지금 우리는 돼지의 모든 것을 만날 수 있는 돼지테마파크로 향한다~

찬: 네? 돼지테마파크요? 돼지가 뭐 볼 게 있어요?

최쌤: 찬이 너 그러다 돼지한테 개망신, 아니 돼지망신 당한다. 돼지 아이큐가 얼마나 높은 줄 알아?

찬: 그래 봐야 돼지가 돼지겠죠~

최쌤: 좋아! 돼지테마파크에서 돼지랑 대결해보자! 돼지테마파크로 고고!

Chapter 2

# 돼지테마파크는요!

### 돼지테마파크 '돼지 보러 오면 돼지'

돼지테마파크는 이천의 남쪽, 율면에 자리 잡고 있는데요. 돼지 전문가인 대표님께서 전 세계를 돌아다니면서 다양한 돼지 관련 물건을 수집하고, 세계에서 두 번째로 돼지를 주제로 한 박물관을 세웠답니다. 여기에 돼지 프로그램과 체험 프로그램까지 확장하며 완벽한 테마파크로 자리매김하고 있답니다.

돼지테마파크는 돼지를 주제로 다양한 볼거리를 제공하는 돼지박물관과 돼지 쇼를 볼 수 있는 공연장, 소시지 만들기 등 다양한 활동을 할 수 있는 체험장, 그리고 돼지를 테마로 한 치유정원에 펜션과 카페까지. 돼지의 모든 것을 한번에 즐길 수 있는 곳이 바로 이천시 율면의 돼지테마파크랍니다.

### 인간을 위로해주는 돼지

찬: 왜 돼지테마파크를 열게 되셨어요?

촌장님: 유찬 어린이와 유주 어린이는 어떤 고기를 가장 많이 먹나요?

쭈: 돼지고기요! 우리 오빤 삼겹살 킬러예요~

촌장님: 그죠? 우리는 어떤 가축보다 돼지를 가장 많이 먹는데 돼지의 습성을 이해하는 사람도 없고, 알고자 하는 사람도 별로 없어요.

찬: 헐! 진짜 그러네요.

촌장님: 게다가 보통 사람들은 돼지 농장을 혐오시설로 여기기도 해요. 이 점이 참 안타까웠어요. 그래서 돼지농장을 활짝 열고, 누구나 보고 공부하는 그런 공간을 만들면 어떨까 생각을 해봤답니다.

쭈: 운영하시면서 가장 뿌듯한 적이 언제세요?

촌장님: 우리 돼지테마파크에는 외국인도 많지만, 학생들도 많이 찾는답니다. 한번은 마음이 아팠던 학생이 왔는데, 돼지와 함께하는 프로그램을 여러 차례 진행하고 많이 좋아졌답니다. 그 후 고맙다는 편지까지 받았는데, 그때가 가장 행복했답니다!

Chapter 3

# 아이들과 함께 **돼지랑 놀면 되지!**

돼지와 인간, 세기의 대결!

사회자: 자~ 세기의 대결에 여러분을 초대합니다! 지금부터 우리 테마파크가 자랑하는 귀여운 돼지와 볼링 대결을 펼칠 텐데요. 돼지에게 도전하실 분, 나와보시죠~

쭈: 오빠가 한 번 해봐~ 아까 오빠가 돼지를 무시했잖아!

찬: 나야 볼링의 신이지! 저요!

사회자: 네, 인간과 돼지의 볼링 대결인데요.

자, 먼저 인간 대표인 우리…. 이름이 어떻게 되죠?

찬: 네, 정유찬이라고 합니다!

사회자: 자신 있나요?

찬: 넵!

사회자: 인간 대표 정유찬 학생! 자, 도전!

찬: 이얍~

사회자: 아~ 이게 뭔가요! 하나도 쓰러지지 않았습니다! 이런 망신이 있나요!

(일동 얼음)

사회자: 다음은 돼지 차례! 준비됐니 돼지?

돼지: 꿀꿀!

사회자: 보시는 바와 같이 돼지와 인간의 대결은 압도적으로 돼지의 승리로 끝났습니다!

쭈: 아, 오빠 창피해~

찬: 어흑

돼지와 함께~

쭈: 꺅, 무서워!

찬: 네 얼굴이 더 무섭다.

쭈: 힝~ 생각보다 안 무섭네~ 아, 귀여워~ 우리 찬 오빠 닮았네~

찬: 돼지를 사랑한다면 이 정도는 돼야지~

쭈: 와~ 오빠! 형제 같아~

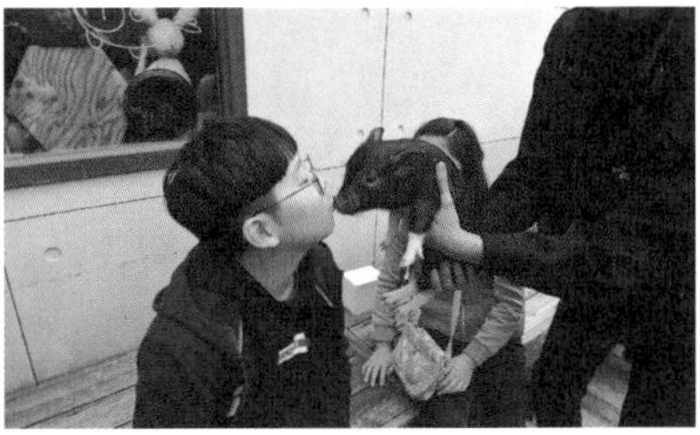

Chapter 4

# 다양한 체험 백화점 '마실'

돼지테마파크 바로 옆에는 체험터 '마실'이 있습니다.
마실은 쌀과 떡을 이용한 체험부터 한지공예와 쌀공예, 냅킨공예 등등 우리가 생각하지 못한 것들을 할 수 있는 체험터인데요. 저는 개인적으로 체험 백화점으로 부른답니다. 저는 마실의 체험도 좋지만, 예쁜 뒤뜰 정원이 가장 맘에 든답니다! 근사한 뒤뜰 정원이 있는 마실에는 어떤 체험이 있는지 만나볼까요?

쪽 염색·한지공예·쌀공예·압화레진공예·쌀쿠키·컵케익·쌀피자·감자크로켓·떡케이크 만들기·다육공예·동물토피어리·수확체험·원예수업 등

## 어떻게 즐길까?

조금만 더 설명해주세요

### 체험시즌은 언제예요?

돼지테마파크는 매주 월요일 휴관이지만,
가을에는 월요일도 개관합니다.

### 하루 종일 체험하고 즐길 수 있을까요?

단체로 오신다면 돼지테마파크에서 즐긴 후
바로 옆, 마실에서 체험을 권합니다~

### 어떻게 가나요?

**돼지테마파크**: 이천시 율면 임오산로372번길 129-7
**마실**: 이천시 율면 월포리 78

### 함께 방문하면 좋은 곳은?

가까운 곳에 임마누엘 포도농장과
귤을 수확할 수 있는 하늘빛농원을 추천합니다.
어재연장군생가도 가까워요~

**찬쭈가 드리는 여행팁!**

쭈 : 돼지테마파크에서는 매년 봄 또는 가을에 돼지국밥 축제가 열린답니다!
찬 : 아, 근데 좀 무서워! 돼지 축제에서 돼지를 먹다니…
쭈 : 오빠, 왜? 뚱뚱보 오빠 친척이라서?
찬 : 너 정말!

## 03

# 알알이 박혀
# 행복을 만드는 포도 따기!

### 임마누엘 포도농원 | 어재연장군생가

6·25전쟁 이후, 미국은 우리에게 큰 도움을 주었어요. 다른 목적이 있긴 했지만, 가난했던 우리를 도와준 건 사실이에요. 그래서 이런 역사로 인해 노인분들 중에는 미국에 대해 절대적으로 우호적인 감정을 품기도 한답니다. 그러나 코로나사태 때 우리나라가 오히려 미국에 다량의 진단키트를 지원해주었는데요. 참, 시대가 많이 변했죠?

우리나라와 동맹국인 미국과는 처음부터 달콤한 관계는 아니었어요. 우리가 미국을 처음 만난 건 1866년이었는데요. 미국 상선 제너럴 셔먼호는 대동강을 거슬러 올라 우리에게 교역하자고 요구했답니다. 평안도 관리였던 박규수는 조선은 국법으로 외국과의 무역이 금지되었다며 그들과 교역하길 거부했는데요. 그들은 막무가내로 조르며 무력까지 행사했답니다. 이런 상황에서 셔먼호가 대동강의 모래톱에 걸리자 초조한 승무원들이 대포와 소총을 발사하며 평양 군민을 죽였는데, 이것은 명백한 그들의 잘못이고 실수였답니다. 분노한 평양 군민들은 배를 끌고 와서 셔먼호를 불태워 침몰시켰거든요. 셔먼호의 선원은 배에서 기어나와 살려달라고 애원했지만 성난 군민들은 그들을 가만두지 않았어요.

이 사건이 바로 유명한 '제너럴 셔먼호 사건'인데요. 5년 뒤, 미군은 이 일을 이유로 강화도에 침략했고 이천의 어재연 장군은 그들 앞에 당당하게 맞섰답니다.

# 등나무 정자가 아니라 **포도나무 정자**

최쌤: 내 꿈이 뭔 줄 아니?

쭈: 먹고 놀고 자는 거요?

최쌤: 어휴~ 생각하는 게 수준이 낮니?

찬: 맞아, 쭈!

최쌤: 난 늦여름 평상에 시원한 나무 그늘에 누워서 잠자다가 일어나서 맛있는 과일 따 먹고 그 자리에서 책 읽다가 다시 잠드는 거다~

쭈: 쌤, 제 말이 그 말이잖아요! 먹고 자고 하는 거요!

최쌤: 흠, 그런가?

찬: 근데 쌤, 설마 그런 데가 있을까요?

최쌤: 그런 곳 찾기는 쉽지 않지! 하지만 이천에 딱 한 군데 있어!

쭈: 정말요?

최쌤: 거기에 근사한 마당과 다양한 체험까지 함께 즐길 수 있는 곳이지!

찬: 오~ 그럼 오늘은 그곳에 가는 거군요! 빨리 가고 싶어요!

# Chapter 2 임마누엘 포도농원은요!

임마누엘 하면 포도 평상!

임마누엘 포도농원은 이천에서 큰 규모로 포도 농사도 지으며, 체험도 진행하는 곳인데요. 역시, 임마누엘 포도농원의 가장 큰 자랑은 포도 평상이 아닐까 싶어요~ 평상에서 도시락도 먹고, 고기도 구워 먹다가 일어나 포도 한 송이 따서 디저트~ 그리고 평상 앞에는 아이들이 뛰놀 수 있는 공간까지.

아이들과 함께 나들이 나오기 좋은 곳이 바로 이곳, 임마누엘 포도농원이랍니다~

내 고장 8월은 포도가 익어가는 계절

쭈: 아, 신나요~ 내가 제일 좋아하는 포도가 하늘 가득!

찬: 밥 먹다가 가위로 이렇게 잘라서~

쭈: 친구들과 따서 이렇게 한 상자에 만 원에 가져갈 수 있어요~

찬: 앞뜰에서 달리며 놀 수도 있고요~

쭈: 아~ 쌤, 이렇게 입 벌리고 있으면 언젠가 포도가 떨어지겠죠?

찬: 포도가 떨어지기 전에 해가 먼저 떨어지겠다~

최쌤: 애들아, 아프리카의 어느 종족은 자신이 살면서 가장 많이 따 먹은 과일나무 아래 묻힌다고 해.

찬: 그럼, 거름이 되는 건가요?

최쌤: 그런가? 거름을 통해서 다시 그 나무의 열매가 될까?

쭈: 힝~ 무서워. 정말 그렇게 된다면 전 포도나무 아래 묻혀야 해요~

최쌤: 찬아, 쭈를 여기에 묻고 갈까?

찬: 묻고 더블로 가!

최쌤: 야, 우리 농담이 너무 지나친 것 같다. 쭈야. 미안~ 내일 지구가 멸망해도 우린 포도나무 한 그루를 심자~

## Chapter 3 미국과 맞선 최초의 장군 어재연!

### 이천의 어재연

임마누엘 포도농원에서 조금만 더 가면 어재연장군생가를 만날 수 있답니다. 여러분 어재연 장군 알고 있죠?

어재연 장군은 신미양요 당시 미군을 맞아 강화도 광성보에서 싸우다 장렬하게 전사한 이천 출신의 유명한 장군이랍니다.

신미양요란?
제너럴 셔먼호 사건을 구실로 미국이
강화도에 침입한 사건을 말하는데요. 실제는 무력으로
조선을 개항시켜서 이득을 얻으려던 사건이랍니다.
이때 어재연 장군을 비롯해 350명이
전사했답니다.

### 더 기억해야 할 사람들

우리는 어재연 장군만 알지, 함께 전사한 사람들이 있다는 걸 모를 겁니다.

어재연 장군이 미군과 싸우기 위해 달려가자 동생 어재순도 따라 왔죠! 이때 어재연 장군은 동생에게 이렇게 말했다고 합니다.

어재연 장군: 너는 궁벽한 고을의 일개 선비에 불과한 몸이다. 너는 나라를 지키는 사람으로 죽는 나와는 다르다. 어찌 빨리 돌아가지 못하겠는가!

동생 역시 의로운 인물이었나 봐요.

어재순: 형님, 나라를 위하는 일에는 신하와 백성이 따로 없습니다. 저도 형님과 함께 싸우겠습니다.

그러나 미군의 화력 앞에 두 분과 함께 따르던 사람들은 모두 전사했답니다.

이번에는 어재연장군생가와 사당을 찾아가 보겠습니다.

어재연 장군 형제와 함께 싸운 우리 선조들을 생각해봅니다.

Chapter 4

# 어재연 장군,
## 후손이 기억하는 방식

장군의 깃발

최쌤: 어재연 장군에 대해서는 모두 잘 알고 있지?

찬: 쌤 이래 봬도 초등학생인 제가 놀라운 성적으로 한국사 1급 자격증을 땄지 않았겠습니까~ 신미양요 하면 어재연이죠!

최쌤: 그래~ 그럼 문제를 내보마~ 어재연장군생가에는 이게 없는데, 과연 어재연장군생가에 없는 건 무엇일까?

쭈: 정답! 총? 총에 맞아 돌아가셨을 테니, 총이 없지 않을까요?

찬: 바보야! 총은 대한민국 대부분 가정에 없지~ 쌤, 혹시 깃발이요? 무슨 깃발을 미국에 뺏겼다는 얘길 들었어요.

최샘: 오~ 유찬이가 수자기를 아는구나. 어재연 장군기라고 불리는데, 이때 미국이 약탈해갔지만, 얼마 전 다시 돌아와서 강화박물관에 전시 중이란다.

쭈: 쌤, 그럼 뭐가 없어요?

최샘: 좀 어렵지? 장군 생가에는 미국 물건이 하나도 없단다~ 미국에서 수입한 물건도 없고, 미국 관련된 물건을 두지 않지. 그게 어재연 장군에 대한 예의라고 후손들은 생각하는 거지.

찬: 쌤, 이해가 돼요. 미국이 말도 안 되는 이유로 쳐들어 와서 형제가 모두 죽었는데…. 어씨 집안의 분노를 이해할 수 있을 것 같아요.

어재연 장군의 쌍충연

생가 아래쪽에는 연못이 둘 있답니다.

어재연 장군의 고향에는 왜 연못이 있고, 하필 두 개가 있을까요?

## 어떻게 즐길까?

조금만 더 설명해주세요

### 체험시즌은 언제예요?

어재연장군생가는 언제든 찾을 수 있고요.
포도농장은 8월~9월에 체험이 진행된답니다~

### 근처에서 더 즐길 수는 없을까요?

포도가 익을 때, 복숭아도 절정을 맞는답니다.
근처에 복숭아 농가도 많아요~

### 어떻게 가나요?

**임마누엘 포도농장**: 이천시 율면 본죽리 791
**어재연장군생가**: 이천시 율면 일생로897번길 22-47

### 함께 방문하면 좋은 곳은?

가까운 곳의 돼지테마파크와 부래미 농촌체험마을을 추천합니다.
4와 9로 끝나는 날에는 장호원 장 구경도 강추!

**찬쭈가 드리는 여행팁!**

쭈 : 포도 따기 체험은 보통 가을이라고 생각하는데요. 여름부터 시작된답니다.
방문 전에 미리 연락하시는 것 잊지 마세요~

## 04

# 이곳은 365일 도자축제장!

### 사기막골 도예촌 | 이천도자판매장

도자의 좋은 점은 여러 가지랍니다.

첫째는 형태의 아름다움인데요. 달항아리의 넉넉한 곡선은 우리 마음을 편안케 하고요. 납작한 편병은 재밌는 상상을 하게 만들고, 장군의 통통한 모습은 귀엽기까지 하고, 입이 작고 어깨를 추어올린 듯한 상감청자매병의 모습은 위엄을 갖춘 귀족의 모습을 보는 것 같답니다.

둘째는 빛깔의 아름다움인데요. 고려청자의 신비로운 빛은 하늘빛을 흉내 냈지만, 더 푸른빛이 우리를 감동케 하고요. 백자의 투명한 빛깔과 분청사기의 소박한 빛은 우리 맘을 설레게 한답니다.

셋째는 재질의 아름다움인데요. 투박한 흙에서 태어났지만, 유리보다 더 매끈한 질감이 우리 마음을 유혹하기에 충분하답니다.

넷째는 실용성이에요. 어떤 재질보다 식기로 쓰기에 적합한 소재가 바로 도자기인데요. 뜨거운 불에서 녹아내린 성분이 도자를 감싸면서, 일상에 가장 실용적인 소재로 변한답니다.

다섯째는 유니크함이에요. 이천의 수많은 도자예술가의 번득이는 아이디어와 재치, 그리고 사랑스러움이 녹아 있는 이천 도자기만의 독특함이 도자의 다섯 번째 매력이 아닐까 싶습니다~

이 모든 매력을 지닌 도자를 이천 사기막골 도예촌에서 만나보아요~

110,000

Chapter 1

# 365일 언제나 판타스틱 도자 축제!

찬: 쌤, 이천은 언제부터 도자기를 만들기 시작했나요?

최쌤: 글쎄, 삼국시대에 항아리들이 설봉산성과 설성산성에서 많이 발견되는 것으로 봐선 삼국시대 이전부터 만들어졌을 거야.

찬: 하지만 쌤, 그건 토기에 가깝잖아요.

최쌤: 맞아~ 너희가 생각하는 도자기랑 토기는 다르지. '토기'는 보통 도기라고 하는데 낮은 온도에서 굽고, '자기'는 도기보다 높은 1,300도 안팎에서 굽는 걸 말해. 우리가 흔히 보는 것들은 자기를 의미하지. 자, 그럼 이천과 도자기의 역사를 이야기해볼까?

쭈: 아, 또 역사 이야기예요?

최쌤: 역사를 알아야 우리가 어디로 향하는지 알 수 있단다. 우리가 도자 하면 가장 먼저 떠올리는 건 바로 고려청자일 거야. 송나라에서 청자 문화가 보급되며 발달한 고려청자는 우리가 더욱 독자적으로 발전 시켜 상감청자 같은 세계 최고의 작품을 만들었단다.

찬: 근데 쌤, 그거랑 이천 도자기랑 무슨 상관이에요?

최쌤: 사실, 송나라와 처음 외교 관계를 맺는 것이 굉장히 힘들었어. 그때 등장하는 사람이 바로 이천 출신의 서희 선생이지.

찬: 서희 선생님은 993년에 거란의 침략을 막아내시지 않았나요?

최쌤: 오~ 역시 찬! 잘 아는구나!

서희는 이미 그전부터 고려를 대표하는 무역 사절로 송나라에 처음 파견되어 무역로를 개척했어~ 그리고 그 무역로로 청자가 처음 들어오게 되는 거지!

찬: 오! 선생님. 그럼 서희가 들여온 청자로 고려의 도자문화와, 나아가서는 이천의 도자산업이 꽃핀 거군요!

최쌤: 그렇지! 바로 그거야! 오늘은 이천 도자의 메카라고 할 수 있는 이천 사기막골 도예촌에 가보자!

# Chapter 2 사기막골 도예촌은요!

사기막골 도예촌은 이천 도자의 메카!

이천을 대표하는 도자 단지는 참 많이 있답니다.

대표적인 곳이 도자예술촌 예스파크가 있고요.

신둔면의 크고 작은 도자 단지들, 그리고 지금은 잠시 쉬고 있는 해강도자박물관 등이 있는데요.

오늘 찾을 사기막골 도예촌은 이천 도자 산업의 발원지와도 같은 곳이랍니다!

찬: 쌤, 그럼 사기막골 도예촌은 고려시대에 만들어진 곳이에요?

최쌤: 오랜 도자 가마터가 여기 사기막골에서 발견되었어. 중종 25년(1530년)에 간행된 신증동국여지승람에는 도자기를 이천의 특산품으로 기록해놓고 있는데, 역사는 그보다 더 오래되었겠지? 특히, 6·25전쟁 이후에 서울에서 활동하던 도예 작가들이 흙 좋고, 물 좋고, 땔감 많고 가까운 곳을 찾다 보니 이천을 찾게 된 거야.

쭈: 땔감은 왜요?

찬: 당연히 도자를 구울 때 사용하는 거겠지.

쭈: 땅값이 싸서 온 건 아니고요?

최쌤: 헐~ 역시 쭈구나. 그럴 수도 있지. 그것보다도 땔감의 영향이 크지 않을까 싶어. 지금은 거의 가스 가마에서 도자를 굽는데, 예전에는 나무 장작으로 구웠어. 그러니 나무 많고 흙 좋은 이곳 설봉산 기슭의 사음동에 정착하게 된 거지~ 지금도 대를 이은 명장들과 함께 수백 명의 도자 예술가들이 이천의 신둔과 사음동 일대에서 작품 활동을 하고 있지.

# Chapter 3 이천 도자의 매력을 찾아서!

12세기 청자의 전성기, 상감청자

찬: 쌤! 이천을 대표하는 도자기에는 어떤 것들이 있어요?

최쌤: 음, 그건…. 역사 이야기를 빼놓을 수 없는데, 우리 쭈는 졸지 않고 잘 들을 수 있겠니?

쭈: 아, 쌤! 저희를 뭘로 보시고….

최쌤: 송나라에서 청자기법이 전해지고, 고려에서 변화 발전시키며 최고의 전성기를 맞게 됐단다. 상감청자가 대표적인데, 상감기법이란 도자 표면에 흠을 내고 다른 색 흙을 채워 넣어 아름다운 문양을 만드는 우리나라의 독창적인 기법을 말한단다.

상감청자
- 동광도예

고려 말, 분청사기

최쌤: 근데, 문제가 생기기 시작해. 원나라 간섭기에 들어서면서 문화의 질이 떨어지면서 청자 역시 퇴락의 길을 걷게 된 거지. 거기에 남해안에선 왜구가 난동을 부려 강진을 비롯한 해안가 가마터가 거의 폐허가 되어버렸어. 이렇게 되자 영롱한 빛을 잃고 퇴색된 청자에 하얀 분칠을 시도하게 되는데, 우린 이 새로운 도자

분청사기
- 해강도자 소장

를 분청사기라 부른단다.

### 현대적 감각, 분청사기

쭈: 아~ 쌤, 그럼 더 예뻐지려고 화장하는 거랑 비슷한 거네요?

최쌤: 오~ 그럴듯한 비유네~

이렇게 전국으로 퍼져나간 분청사기들은 각자 지역 스타일대로 도공 개성에 맞게 다양한 무늬와 질감을 갖게 된 거지.

찬: 아, 각 지역별로 김치 종류가 달라지는 거랑 같은 거네요?

최쌤: 역시, 유찬이는 먹는 거로 비교하는구나!~

찬: 그럼 분청사기는 투박하겠네요?

최쌤: 예전엔 그랬지만, 요즘 분청사기는 오히려 현대적이야~

### 조선 전기, 백자

최쌤: 15세기 들어서 분위기는 또 바뀌게 돼. 작은 티끌도 용납하지 않는 사림세력이 정권을 잡게 되면서, 도자 스타일도 변하게 되는데, 아무래도 사림 양반의 입맛에는 깨끗한 백자가 맞았나 봐. 이때부터 분청사기는 수그러들고 깨끗한 백자가 유행하는데, 이제 새하얀 백자의 시대가 된 거지.

쭈: 쌤! 백자는 정말 제 피부처럼 매끈한 거 같아요!

최쌤: 그래서 도자기 피부라는 말이 거기서 나왔지~ 물론 너는 아니지만~

Chapter 4

# 국도는 **도자축제길**

이천에서 쌀밥을 먹었다면, 예쁜 이천 도자기 하나 겟(GET)~ 하셔야죠! 3번 국도 양쪽에는 수많은 도자기 가게들이 늘어서 있는데요. 작은 밥그릇부터 화분과 항아리까지 종류도 다양하고 가격도 저렴하답니다!

① 3번 국도를 달린다.
② 책에 소개된 이천 여행지에 들러서 즐긴다.
③ 점심엔 이천 쌀밥이나 생선국수 같은 이천 음식을 먹는다.
④ 돌아오는 길엔, 맘에 드는 도자 가게에 들러 예쁜 도자를 구매한다~

## 어떻게 즐길까?

조금만 더 설명해주세요

### 체험시즌은 언제예요?

사기막골 도예촌과 도자판매점은 365일 열리지만,
운영시간은 매장에 따라 다릅니다.

### 사기막골 근처 산책 코스 좀 알려주세요

사기막골 길을 따라 한참 오르면 절이 나오는데요.
한 바퀴 돌아보세요~

### 어떻게 가나요?

**사기막골 주차장**: 이천시 경충대로2993번길 47

### 함께 방문하면 좋은 곳은?

사기막골 도예촌에 들렀다면 가까운 설봉호수와 설봉산을 추천합니다.
근처 쌀밥집은 필수인 거 아시죠?
다른 감각의 도자기를 원한다면 예스파크도 괜찮답니다.

**찬쭈가 드리는 여행팁!**

찬 : 일단 이천에 오시면 길거리 도자판매점에 들러보세요~ 이천 작가들의 다양하고 재밌는 작품들을 만날 수 있답니다~

쭈 : 사기막골과 예스파크가 아니더라도 이천 구석구석에 도예작가들의 작업실과 판매점이 있답니다. 검색 바랄게요~

# 05

# 세상에서 가장 아기자기한 꿈동산!

## 설봉산 | 관고전통시장

고려 말 나옹선사는 친한 친구가 죽자, 인생이 덧없다고 느끼고 스님이 되었답니다. 나옹선사는 공민왕의 스승이 되어 고려불교의 빛이 되는데요. 이천의 설봉산 영월암에서 수행한 적이 있답니다. 그는 영월암을 떠날 때 지팡이 하나를 꽂았는데, 지팡이는 지금 커다란 은행나무로 자라 가을이면 설봉산 중턱을 노랗게 밝힌답니다.

청산은 나를 보고 말없이 살라 하고
창공은 나를 보고 티 없이 살라 하네
사랑도 벗어놓고 미움도 벗어놓고
물같이 바람같이 살다가 가라 하네
성냄도 벗어놓고 탐욕도 벗어놓고
물같이 바람같이 살다가 가라 하네
- 나옹선사(1320~1376)

설봉산에 오시면 삼국시대의 산성과 삼형제바위의 전설, 그리고 나옹선사의 은행나무까지 만날 수 있답니다.

Chapter 1

# 세상에서 가장 높은 산?!

최쌤: 얘들아, 오늘은 세상에서 가장 높은 산에 오를 거니까 각오 해랏!

찬: 쌤! 우리 네팔에 가나요? 에베레스트산?

쭈: 우리 엄마한테 허락 안 받았는데요?

최쌤: 자자, 진정들 하고~ 하나 물어보자. 찬쭈야~ 달이 크니? 아니면 태양이 더 크니?

쭈: 당연히 태양이 더 크죠!

최쌤: 하지만 지구에서 보면 어떤 게 더 커 보이지?

찬: 그야 달이 더 커 보이죠!

최쌤: 그치? 우리 옆에 있는 설봉산은 400미터도 채 되지 않는 산이지만, 우리에게 가장 가까이 있으니 제일 높은 산이지~

쭈: 에이, 뭐예요? 시시해!

최쌤: 하지만 쭈야, 이천 시내에 있는 사람들 모두 운동화 끈을 묶고 나서면 바로 설봉산에 오를 수 있어~ 현관문부터 등산이 시작되는데, 세상에 이런 산이 또 어디 있겠니?

게다가 수많은 문화재와 산성과 서원, 박물관과 미술관, 약수터와 실외암벽장까지. 설봉산은 다른 지역 사람들이 참 부러워하는 곳이란다. 그러니 이천사람들에겐 설봉산이 가장 높은 산이고, 가장 사랑스러운 산인 거지~

우리 설봉산의 매력 속으로 함께 올라볼까?

설봉산성에서 출토된 도자기

Chapter 2

# 세상에서 가장 높은 **설봉산**은요!

높이 394미터의 설봉산은 험준하진 않지만, 기암괴석이 많고 흙이 부드러워 등산하기에는 최고의 산으로 불린답니다. 실제로 비가 온 다음 날에 산에 올라도 보송보송한 등산로를 만날 수 있답니다. 얽혀 있는 전설도 다양하고, 암석에 조각한 불상도 있답니다. 설봉산성 성벽을 따라 등산하는 재미는 최고!

### 영월암

영월암은 신라 문무왕 때 의상대사가 북악사라는 이름으로 창건했다고 전해지는 오랜 절입니다. 대웅전 뒤편에는 마애불이 있고, 앞에는 오랜 은행나무가 산사의 운치를 더한답니다.

### 영월암 마애여래입상(보물 822호)

영월암 바로 뒤에 설봉산 기암괴석에 조각된 전형적인 마애불로 이천을 굽어보고 있답니다. 굳이 찾으려 하지 않아도 영월암 뒤편에는 바위와 하나 되어 후덕하게 서 있는 불상을 만날 수 있는 마애여래입상의 높이는 무려 10미터!

설봉산성

이천이 자랑하는 이천 9경 가운데 네 번째로 당당히 이름을 올리고 있는 설봉산성! 설봉산성은 봉우리를 중심으로 성벽을 두른 퇴뫼식 산성이랍니다. 산성 둘레는 1079미터로 삼국시대의 성 중에서도 큰 편에 속하는데요. 산성에서는 기와, 토기, 철기 등이 다수 출토되는데, 유물로 미뤄봤을 때 삼국시대에 가장 치열했던 전장 중 하나가 아닐까 추정한답니다.

최쌤: 어허, 찬아. 어디를 올라가니?
찬: 삼국시대 병사들은 이렇게 올랐을 거 아네요! 잠시 따라 해보는 거죠~

칼바위와 장대터

칼바위는 설봉산 중턱의 마지막 베이스캠프 같은 곳이랍니다. 정말 칼날 모양의 바위가 서 있고요. 칼바위 옆 빈터에는 봉수대가 있고, 장군이 전투를 지휘하던 장대터도 있답니다.

설봉서원

설봉서원은 1564년 이천부사 정현이 세웠답니다. 서원에서 가장 중요한 역할 중 하나는 선현에 대한 제사인데요. 현재 설봉서원은 네 분을 모시고 있습니다. 북방외교로 유명한 이천 출신의 서희, 조선 성종 앞에서 성리학을 강연했던 이관의, 조광조와 함께 개혁정치를 펴다 기묘사화 때 화를 피해 이천으로 내려와 후학을 양성한 김안국, 삼국사절요를 편찬한 최숙정 등 네 분을 배향 중이랍니다.

설봉공원 실외 암벽장

최쌤: 얘들아, 암벽 등반에서 중요한 3요소가 뭔 줄 알아?

찬: 돈, 장비, 도시락이요?

쭈: 아, 창피해, 오빠 도시락이 뭐야!

최쌤: 도시락도 중요하지~ 하지만 가장 중요한 건 균형 유지야~ 언제든 균형을 잡고 있어야 해.

쭈: 그럼 쌤, 오빠는 체형 자체가 균형이 안 맞는데요? 배가 흘러내린대요~

찬: 헉, 이런 걸 '뼈 때린다'고 하는 거구나. 사실이라 반격을 못 하겠당~

월전미술관

여러분이 가장 많이 보았을 100원짜리 동전에 들어간 인물은 누구일까요? 바로 이순신 장군이죠. 장군의 초상을 그린 사람이 바로 월전 장우성인데요. 장우성의 작품과 함께, 특별전을 통해 다른 예술가들의 미술작품도 감상할 수 있는 곳이 바로 월전미술관입니다. 그러나 태평양전쟁 중에 일본의 침략전쟁을 미화하는 작품을 출품하는 등, 친일행적이 있어 우리의 마음을 무겁게 누릅니다. 반면교사로 삼아야 하겠지요.

설봉공원 주말장터

이천 최고의 농산물을 직거래로 거래할 수 있는 쏠쏠한 주말장터랍니다! 이천시가 보증하는 바로 그 장터! 설봉산에 놀러 온다면 꼭 들러보세요!

다양한 등산로

설봉산에 오르는 길이 한두 갈래가 아닌데요. 약수터를 만날 수 있는 길, 성곽과 함께 걷는 길, 오래 걸을 수 있는 이섭봉 등산길 등 다양한 등산로도 설봉산의 매력에서 빠질 수 없답니다. 아! 진달래 군락은 등산객의 마음을 달뜨게 한답니다.

그 외에 세라피아, 이천시립박물관, 도자 가마, 골골이 펼쳐진 약수터 설봉호수 힐링로드 등등 다양한 볼거리, 즐길 거리들이 설봉산의 매력이죠!

# Chapter 3 옛이야기와 함께 걷는 **설봉산 나들이**

### 기암괴석 '삼형제 바위'

아주 먼 옛날 설봉산 기슭에 삼형제가 어머님을 모시고 함께 살았다고 해요. 하루는 설봉산으로 나무를 하러 간 형제가 너무 늦자 어머니가 아들들을 찾아 산에 오르게 되었어요. 어머니가 없어진 것을 안 형제들은 어머님을 찾아 다시 산에 올라 헤맸는데요. 낭떠러지 아래쪽을 보니 어머니가 호랑이에게 쫓기고 있는 게 아니겠어요! 형제는 누구랄 것도 없이 동시에 절벽 아래 호랑이를 향해 뛰어내렸는데, 그 순간 형제는 바위로 변했다고 합니다. 믿거나 말거나 말이죠!

### 영월암 은행나무

최쌤: 얘들아~ 난 10월 말에 노랗게 은행이 물들 때, 영월암 뒤쪽 언덕에서 노란 은행나무 사이로 이천 시내를 바라볼 때가 제일 행복해~ 마치 비밀의 도시를 바라보고 있는 느낌이거든.

찬: 쌤, 나옹선사 지팡이로 변한 나무가 바로 이 은행나무군요~

Chapter 4

# 설봉산에서 한 걸음
# **관고전통시장**

찬: 관고전통시장에서 가장 유명한 게 뭐에요?

최쌤: 역시 관고전통시장에선 닭발과 튀김이 아닐까? 백종원 아저씨가 나와서 칭찬했던 곳이래~

쭈: 으…. 징그러워~ 닭발을 어떻게 먹어요?

최쌤: 일단 먹어보고 말해~

찬: 저는 튀김이 좋은데요~ 그중에서 김말이가 제일 좋아요!

최쌤: 김말이는 긴 말이 필요 없지!

찬쭈: 아, 쌤! 아재개그! 하지 좀 말아요!

최쌤: 애들아! 뭘 그리 골똘히 쳐다보니? 그런 집중력으로 공부를 해!

쭈: 오~ 쌤! 닭발이 엄청 맛있네요?

최쌤: 쭈야! 너 못 먹는다며?

## 어떻게 즐길까?

조금만 더 설명해주세요

### 체험시즌은 언제예요?

설봉산과 관고전통시장은 사계절 내내 열려있습니다.

### 최고의 등산 코스 한 군데만 알려주세요

호암약수에서 칼바위를 거쳐 설봉산성을 끼고 걷는 길과
구암약수길도 좋지만, 설봉서원에서 삼형제바위를 지나
영월암 잠시 들러 정상으로 가는 길도 꽤 매력적이랍니다~

### 어떻게 가나요?

**설봉산 주차장**: 이천시 관고동 355-10
**관고전통시장**: 이천시 중리천로21번길6

### 함께 방문하면 좋은 곳은?

관고전통시장 근처에 주차하고,
설봉 힐링스테이션에서 한 번 쉰 후 설봉호수 힐링로드를 거쳐
설봉산에 방문하는 코스를 추천합니다~

**찬쭈가 드리는 여행팁!**

찬 : 인삼축제나 쌀문화축제 때 설봉산에 방문하시면 재미는 몇십 배!

쭈 : 설봉산 실외암벽장이 너무 무섭다고요? 그렇다면 실내암벽장부터 도전해보아요!

# Part 3

# 어서 와~
# 이런 주말여행은
# 처음이지?

동키동산에서 당나귀를 타고
인삼 향기 가득한 축제장을 지나
비틀즈 자연학교 연꽃 연못을 헤엄쳐
고인돌과 산수유마을을 만날 수 있는 곳.
군고구마를 먹으며 프로야구도 관람하고
조선시대 역사 속으로 여행도 할 수 있는
특별한 이천으로 찬쭈와 함께 떠나보아요~

1 향기만 맡아도 건강해지는, 가장 유니크한 축제!
이천인삼축제+이천시립박물관

2 송사리, 잠자리와 함께! 자연 속으로!
비틀즈 자연학교+두산베어스파크+김좌근고택

3 지금까지 이런 체험여행은 없었다!
동키동산+도드람산

4 고구마처럼 달콤한 이천여행!
하영농원+고인돌공원+이천의병전적비

5 사랑은 향기를 타고!
들꽃압화원+산수유사랑채+연당

## 01

# 향기만 맡아도 건강해지는, 가장 유니크한 축제!

### 이천인삼축제 | 이천시립박물관

이천은 오래전부터 인삼을 재배한 고장이에요. 이천은 인삼이 자라기에 적합한 흙에, 일교차가 크고 햇살까지 많아서 가장 좋은 인삼을 수확할 수 있답니다. 그래서 이천은 같은 크기의 땅에서 가장 많은 인삼을 재배할 수 있는 곳이라고 해요.

우리 인삼의 정식 이름은 고려인삼입니다. 우리나라 고려인삼은 세계 어디에서 재배하는 인삼보다 진세노사이드(Ginsenoside)와 유효 사포닌(Saponin)이 많이 들어있다고 해요. 세계의 과학자들이 인삼의 의학적 효능을 연구를 계속하고 있다고 하는데요. 현재까지도 인삼의 신비한 약효를 완전히 밝혀내지 못하고 있다 하네요.

인삼은 보통 수삼과 홍삼으로 나누는데요. 수삼은 4~6년 정도 재배한 뒤 수확하여 말리지 않은 인삼을 말하고요. 홍삼은 수삼 껍질을 벗기지 않은 상태로 쪄서 말린 적갈색의 인삼을 말한답니다.

이천에서는 매년 가을, 신비로운 이천 인삼을 주제로 특별한 축제를 열리는데요. 찬쭈와 손잡고 함께 가보실까요?

# Chapter 1 사람 닮아 더 건강한 인삼!

찬: 쌤, 이렇게 아침부터 부르시면 어떡해요!

최쌤: 왜? 무슨 일 있어?

쭈: 쌤, 오빠가 컴퓨터로 무슨 프로그램 만든다고 밤늦게 잤대요~

최쌤: 오, 그래? 이렇게 피곤할 때, 먹으면 딱 좋은 거 먹으러 가자!

쭈: 그게 뭔데요?

최쌤: 그건, 바로 이천 인삼이지~

쭈: 이천에서 인삼을 많이 재배해요?

최쌤: 당연하지! 전국에서도 1, 2등을 다툰단다~

찬: 인삼이 몸에 정말 좋아요? 설명 좀 해주세요.

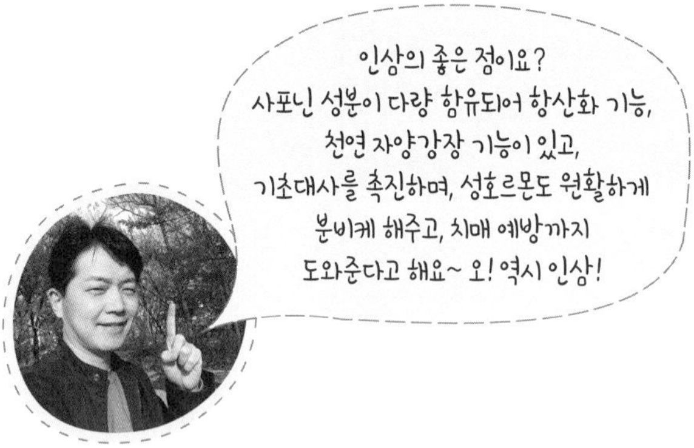


찬: 쌤, 너무 말씀이 많으신 거 아네요? 그러지 말고 우리 빨리 인삼 먹으러 가요!

Chapter 2

# 이천인삼축제는요!

### 6년의 기운을 모아 인삼축제!

다른 축제들도 나름대로 매력이 있지만, 인삼축제는 보다 특별하답니다. 6년 동안 키워 수확하면 그 땅에서 더는 인삼을 키울 수 없죠! 왜냐하면, 인삼이 흙의 모든 영양분을 빨아들이기 때문이에요. 그러니 다른 작물과 에너지의 차원이 다르겠죠?

### 이천 인삼이 좋은 점은요?

① 이천 지역은 인삼 재배에 적합한 토양인 '마사토'로 이루어져 있답니다.

② 이천은 밤낮 일교차가 커서 생육에 좋고 햇빛도 좋아 생육 후기까지 충분한 영양을 공급할 수 있어요~

즉, 이천이 인삼 재배의 최적지라는 말씀!

Chapter 3

# 아이들과 함께 **인삼축제 즐기기!**

인삼낚시

낚싯줄만 잘 던지면 6년근 인삼이 척척!

인삼 무게 맞히기

자자~ 단번에 정확히 600그램을

집어서 저울에 올려주세요!

외국인도 함께 즐길 수 있는 축제!
찬: This is a Goryeo ginseng!
쭈: 짜요 짜요~

인삼씨앗 고르기

자자, 한국인이라면 젓가락질!

집중해서 인삼 씨앗을 골라 봅시다!

1분에 30개 고르면 푸짐한 인삼 선물!

인삼 시식

최쌤: 쭈야! 축제의 꽃은 뭐니?

쭈: 꽃 하면 저 '쭈' 아니겠어요?

찬: 아, 눈 버리겠다! 축제하면 시식이죠!

Chapter 4

# 이천의 향기, 도자의 향기를 느낄 수 있는 곳 **이천시립박물관**

### 이천과 도자의 역사를 배울 수 있는 '이천시립박물관'

찬: 쭈야 이건 백제시대 토기인데 설봉산성에서 발견되었지. 아마 군인들 식량을 보관할 때 사용되지 않았을까?

쭈: 오빤 이런 거 어떻게 알아?

찬: 최쌤이 아까 말해줬지~ 딴청 피우지 말고 잘 들어~

### 현대 도자가 나아갈 길은 분청사기가 다 했다

최쌤: 20세기 최고의 예술가 중 한 분이었던 버나드 리치(Bernard Howell Leach)는 '20세기 현대 도자가 나아갈 길은 조선시대 분청사기가 이미 다 했다'라고 말할 정도로 우리 도자의 예술적 가치는 세계적으로도 인정받고 있답니다.

이천시립박물관에서는요!

쭈: 오빠, 우리 박물관 앞뜰에서 투호놀이 할래?

찬: 그래~ 좋아! 내기는 어때?

쭈: 그래그래~ 이긴 사람이 소원 들어주기~

찬: 그래!

찬: 자~ 2층 석탑 방해 공작을 받아랏!

쭈: 치, 그래도 집중하면~

쭈: 와~ 성공이다! 자, 소원 들어줘~

찬: 소원이 뭔데?

쭈: 바로 이거~! 자, 내 곤장을 받아라~

## 어떻게 즐길까?

조금만 더 설명해주세요

### 체험시즌은 언제예요?

인삼축제는 매년 11월 첫째 주에 열리는데요. 미리 확인하고 방문 바랄게요~
이천시립박물관은 매주 월요일 휴관입니다. 개방시간은 오전 9시~오후 6시!

### 어떻게 가나요?

**인삼축제(설봉산주차장)**: 이천시 관고동 355-10
**이천시립박물관**: 이천시 관고동 414
**경기동부인삼농협유통센터**: 이천시 신둔면 둔터로124번길 146

### 함께 방문하면 좋은 곳은?

이천시립박물관에 왔다면 바로 옆 세라피아 방문을 추천합니다.
인삼축제에 오신다면 설봉산 영월암에 한번 들러보세요.
나옹선사의 샛노란 은행나무가 반겨줄 거예요~

### 찬쭈가 드리는 여행팁!

찬 : 인삼축제가 짧아서 아쉽죠? 그렇다면 동부농협 인삼유통센터를 추천합니다! 동부농협 하나로마트에서는 언제든 인삼을 비롯한 인삼 가공제품까지 다양하게 만날 수 있어요~

쭈 : 건물 2층에는 인삼전시관이 있는데요. 인삼축제에서 상을 받았던 이천 최고의 인삼을 만날 수 있고요. 인삼의 역사와 함께 외국 인삼과 우리 인삼을 구분하는 방법까지 알 수 있어요~

찬 : 센터 뒤편에 간이 인삼밭을 마련해, 방문객이 언제든 관람할 수 있도록 해놓았어요! 꼭 한번 둘러보세요~

# 02

# 송사리, 잠자리와 함께! 자연 속으로!

## 비틀즈 자연학교 | 두산베어스파크 | 김좌근고택

조선후기였어요. 정조가 죽고 어린 아들 순조가 왕위에 오르자, 순조의 부인 세력인 안동 김씨가 권력을 독점하며 권세를 부리기 시작했답니다. 영원할 것 같던 권세가 꺾이기 시작한 건 바로, 천대받던 흥선대원군의 아들 고종이 조선의 새로운 왕이 되면서였는데요. 새로운 권력자가 된 흥선대원군은 왕족을 무시하던 세도가문을 하나씩 몰아내기 시작했답니다. 하지만 오랜 세월 동안 최고의 권력을 맛본 안동 김씨는 순순히 권력을 내려놓지 않으려 했답니다. 안동 김씨는 다시 옛날의 영화를 누리려 여러 방법을 동원했는데요. 그중 하나가 최고의 풍수터인 금반형지에 선조의 묫자리를 쓰는 것이었답니다. 좋은 땅에 부모의 무덤을 만들면 후손이 영원히 재상을 할 수 있다는 속설이 있었다고 하니, 안동 김씨 가문에게는 마지막 남은 희망이었겠죠? 그렇게 최고의 풍수가들이 찾은 곳은 바로 백사면 내촌리였답니다. 안동 김씨는 내촌리에 김좌근의 묘소를 만들었고요. 묘소를 관리하면서 별장으로 사용할 주택도 지었는데, 이를 김좌근고택이라고 부른답니다.

김좌근고택에서는 안동 김씨의 헛된 영욕과 조선시대 양반가 고건축의 백미를 함께 살펴볼 수 있답니다.

Chapter 1

# 동심과 과학이 만나는 **농촌체험의 미래!**

최쌤: 농작물을 키우는 게 무언지 아니?

찬: 양분과 물이겠죠! 그리고 태양? 광합성을 하니까요.

쭈: 흙이요?

찬: 바보야. 무슨 흙이 키우냐. 흙 속에 있는 양분을 흡수하는 거지.

최쌤: 모두 맞는 말이지만, 사실 농작물을 키우는 건 발소리지.

쭈: 발소리요? 소리를 듣고 고구마가 큰다고요?

찬: 쌤! 정말인가요? 소 키울 때 클래식 들려준다는 이야기는 들어봤는데요. 왠지 이번엔 신뢰가 안 가는데요?

최쌤: 저기 사장님을 볼래? 저 사장님은 아침저녁으로 고구마를 돌보러 다니시거든. 그 발걸음 즉, 농부의 정성으로 작물이 큰다는 거지. 시골 사는 농부들은 다 그래.

쭈: 아, 전 진짜 발소리를 듣고 크는 줄 알았어요~

최쌤: 오늘은 농작물과 수생식물은 어떻게 자라고, 농작물을 어떻게 이용할 수 있는지 배워보자.

찬: 오! 연못 되게 예뻐요!

최쌤: 애들아! 내 말은 듣고 있니? 쨌든, 오늘은 비틀즈 자연학교에서 놀자꾸나~

Chapter 2

# 비틀즈 자연학교는요!

공부와 체험을 함께, 비틀즈 자연학교

비틀즈는 딱정벌레류를 말합니다. 비틀즈 자연학교에서는 딱정벌렛과의 물방개를 비롯한 부채장수잠자리와 왕잠자리, 다양한 수서곤충의 생태 등 아이들과 자연을 함께 공부할 수 있답니다. 공유텃밭에서 고구마, 사과, 포도, 고추를 비롯한 다양한 작물을 함께 키우고, 수확물로 아이들과 체험을 하는 자연배움터가 바로 비틀즈 자연학교입니다.

비틀즈쌤: 비틀즈 자연학교에는 예쁜 들꽃이 참 많이 피었단다. 유찬이는 어떤 꽃이 좋니?

쭈: 유찬이 오빠가 좋아하는 꽃이 뭔지 저는 알아요!

비틀즈쌤: 뭔데?

쭈: 그건 바로바로, 오빠는 닭꼬치가 제일 좋을걸요?

찬: 아, 재미없어~ 저는 쌤! 한우 등심꽃이 좋아요~

최쌤: 야~ 더 재미없다!

쭈: 비틀즈쌤! 비틀즈 자연학교에서는 어떤 걸 할 수 있어요?

비틀즈 자연학교에서 할 수 있는 것들

3D표본 만들기, 아이들과 함께 신둔천 생태 탐방, 비틀즈 연꽃 연못 탐방, 고추장 담그기, 조롱박 바가지 만들기, 연잎밥 만들기, 꽃차 만들기, 감자 캐기

찬: 비틀즈 자연학교에는 수제 쿠키랑 차로 유명한 카페 '농업발전소'도 있답니다~

Chapter 3

# 이천에서 만나는 최고의 프로야구 경기 **두산베어스파크**

비틀즈 자연학교에서 조금만 더 달리면 두산베어스의 2군 경기장인 두산베어스파크에 갈 수 있답니다! 찬쭈와 함께 찾은 날엔 마침 라이벌인 베어스와 트윈스가 연습경기를 하고 있더라고요~

찬: 쌤, 여기 베어스파크는 언제라도 들어올 수 있어요?

최쌤: 응, 아니야~ 경기가 있는 날에만 들어갈 수 있단다.

쭈: 쌤, 두산베어스 경기장은 야구장이 아니라 공원 같은데요?

최쌤: 그치? 그래서 오늘처럼 야구 경기가 있는 날이면 가족 단위로 돗자리 펴고 치킨도 먹으면서 야구를 관람하지~

최쌤: 가족과 함께 소풍가기 딱 좋은 곳이지?

쭈: 쌤, 두산이 엘지에 이기고 있어요!

최쌤: 그럼! 당연하지~ 야구는 베어스니깐!

Chapter 4

# 조선말 최고의 별장을 보고 싶다면?

옛날 내촌리에 송씨 가문이 모여 살고 있었다고 합니다. 그런데 이 곳이 최고의 명당이라는 것을 알게 되자 안동 김씨 세력은 송씨들을 내촌리에서 내쫓고 땅을 빼앗아 묫자리로 썼다고 해요. 묫자리 옆에는 묘역을 관리하고 여름에 내려와 쉴 수 있는 별장을 지었는데, 그 별장이 바로 김좌근고택입니다. 조선후기 건축의 역사를 보고 싶으면 이곳 김좌근고택에 들러보세요~

찬: 고택 앞에 연못도 있네요?

최쌤: 명당터에는 물이 필요하니까 일부러 연못을 파지 않았을까?

쭈: 쌤, 여기가 명당이라고요? 여기 있으면 저에게도 행운이 생길까요? 스마일~

찬: 헐! 네 표정 때문에 명당도 부정 타겠다!

## 어떻게 즐길까?

조금만 더 설명해주세요

### 체험시즌은 언제예요?

비틀즈 자연학교의 체험은 보통 봄~가을까지 이어지는데요.
겨울에도 가끔 행사가 있답니다. 미리 확인 바랄게요.
두산베어스파크는 4월부터 9월까지 경기가 있는 날에만 개방합니다.
미리 꼭 확인하셔야 해요!

### 어떻게 가나요?

**비틀즈 자연학교**: 이천시 송정동 15-2
**두산베어스파크**: 이천시 백사면 원적로 668
**김좌근고택**: 이천시 백사면 청백리로393번길100-131

### 함께 방문하면 좋은 곳은?

가까운 산수유마을과 육괴정을 추천합니다.

### 찬쭈가 드리는 여행팁!

찬 : 김좌근고택은 덥긴 하지만 연꽃이 활짝 피는 7월에 가장 예쁜 모습을 볼 수 있답니다~

쭈 : 두산베어스파크는 3월 말과 4월초, 산수유가 피었을 때가 가장 예쁘지만요. 벚꽃 피었을 때도 예뻐요~

03

# 지금까지
# 이런 체험여행은 없었다!

## 동키동산 | 도드람산

밤

외양간 당나귀
아-ㅇ 외마디 울음 울고,

당나귀 소리에
으-아 아 애기 소스라쳐 깨고,

등잔에 불을 다오.
아버지는 당나귀에게
짚을 한 키 담아주고,

어머니는 애기에게
젖을 한 모금 먹이고,

밤은 다시 고요히 잠드오.
- **윤동주, 「밤」**

GAP

Chapter 1

# 당나귀 동산으로 고고!

최쌤: 찬쭈야! 이천에는 재미있는 여행지가 많잖니? 너희가 생각하는 가장 특별한 체험지가 어디라고 생각하니?

찬: 저는 돼지테마파크요! 돼지 쇼가 재밌었어요!

쭈: 오빠는 돼지한테 볼링도 졌으면서 뭘~

찬: 음, 굴욕적인 과거는 제발 잊어다오. 쭈야!

쭈: 저는 다양한 체험을 한꺼번에 즐길 수 있는 체험문화축제요!

최쌤: 그치? 거기도 특별하지만, 나는 당나귀농장이 아닐까 싶어~

쭈: 당나귀요? 저는 〈곰돌이 푸〉에 나오는 당나귀 '이요르'를 좋아해요!

찬: 나는 티거가 좋아~ 근데 쌤, 그럼 오늘은 당나귀농장으로 가나요? 이천에 당나귀농장이 있어요?

최쌤: 그래~ 당나귀테마파크가 있지! 우리 동키동산으로 함께 가보자~

Chapter 2

# 동키동산은요!

동키동산에서 당나귀밀크라테를!

동키동산은 당나귀를 주제로 아이들이 체험할 수 있는 프로그램을 운영하는 당나귀 전문 테마파크입니다.

참, 이제 곧 당나귀밀크라테를 체험객에게 드린다고 하네요. 하나밖에 없는 특별한, 당나귀밀크라테를 함께 즐겨보세요~

당나귀로 치유프로그램을!

쭈: 당나귀로 어떤 일을 하세요?

동키쌤: 당나귀를 흔히 볼 수 없기도 하지만, 만화에서 당나귀가 재밌게 등장하잖아요. 그래서 그런지 아이들이 당나귀를 참 좋아해요. 지금은 축제에 다니면서 아이들을 태워주는 일을 하고 있어요. 아이들 웃음을 보는 게 참 좋거든요~ 그리고 당나귀 우유를 짜서 납품하고 있는데요. 화장품 고급 원료로 이용된답니다.

찬: 그럼 앞으로는 어떤 일을 하고 싶으세요?

동키쌤: 사람들에게 당나귀 같은 동물과 함께 교감하고 치유하는 프로그램을 만들고 싶어요. 그래서 더 많은 사람에게 행복을 드리고 싶습니다.

동키동산 체험장에서 먹이 주기

쭈: 쌤, 애는 머리가 이상해요!

찬: 일부러 머리를 이렇게 잘라준 건가요?

동키쌤: 좀 특이하죠? 저도 깜짝 놀랐어요~ 태어난 지 2주 정도 된 아이인데 이렇게 자라더라고요~

동키동산 당나귀 타기

쭈: 이래 보여도 저는 승마 선수랍니다~

찬: 나도 말 잘 타거든!

쭈: 근데 오빠 당나귀는 불쌍해! 초등학생이 70킬로그램 가까이 되는 게 어딨냐?

당나귀 고기?

쭈: 당나귀가 엄청 귀여워요!

최쌤: 너무 귀여워하지 마~ 당나귀 고기가 될 수도 있거든.

쭈: 끼약! 당나귀를 먹는다고요?

최쌤: 소도 먹는데 뭘. 너는 소고기가 제일 좋다며?

쭈: 그건 그렇지만… 이렇게 귀여운 당나귀를… 진짜 먹나요?

동키쌤: 네, 당나귀를 납품 중이에요.

찬: 당나귀 고기는 무슨 맛인가요?

동키쌤: 맛은 담백하고 잡내가 없어요. 특히 불포화지방산 함량이 높아서 소화가 엄청나게 잘 됩니다. 소고기와 비슷하지만, 더 부드러워서 생고기로 먹을 땐 참치와 비슷해요~

찬: 쭈야! 너 입맛 다시냐?

쭈: 쩝, 들켰네~

Chapter 3

# 남한의 금강산 **도드람산**

### 가족과 오르는 산, 도드람산

동키동산에서 멀지 않은 곳에 이름도 재미있는 도드람산이 있답니다. 도드람산은 349미터의 높지 않은 산이지만, 산 전체가 돌로 이루어져 있어서 기암괴석의 봉우리를 보며 걷기 좋은 산이에요. 밧줄을 잡고 올라야 할 정도로 험한 코스도 제법 있는 산이니까 조심, 또 조심해야 한답니다.

최쌤: 찬아, 진짜 조심해서 내려와야 한다!
쭈: 쌤, 오빠가 무게가 많이 나가서 감당이 안 되겠죠?
쭈: 와~ 드디어 도드람산 정상이다!
찬: 근데, 쌤 왜 여기가 효자봉이에요?
최쌤: 그래. 이제 본격적으로 도드람산 이야기를 시작해볼까?

Chapter 4

# 돼지울음 가득한 **도드람산**

옛날 이곳 산자락에 아들과 어머님이 살았는데, 어머님이 불치병에 걸리게 되었지. 어느 날, 지나가던 스님이 석이버섯을 달여 드리면 낫는다고 효자에게 이야기했단다. 아들은 그 즉시 버섯을 따러 갔지. 밧줄 하나에 의지해 벼랑에 매달려 버섯을 따고 있는데, 어디서 멧돼지의 울음소리가 들리는 게 아니겠어? 효자가 이상한 마음이 들어 밧줄을 보니, 아뿔싸, 끊어지기 직전인 거야. 조금만 더 매달려 있었다면 효자는 낭떠러지로 떨어져 죽을 뻔했던 거지.  그래서 사람들은 이 산을 돼지가 울었던 산이라는 뜻의 '돋울음산'으로 부르기 시작했고, 이후 발음이 쉬운 도드람산으로 바뀌게 되었단다.

쭈: 아, 그래서 도드람산 정상이 효자봉이었군요!

## 어떻게 즐길까?

조금만 더 설명해주세요

### 체험시즌은 언제예요?

동키동산은 봄~가을까지 체험이 진행됩니다. 미리 확인 바랄게요.

### 도드람산은 언제 방문하면 좋을까요?

사계절 모두 좋지만, 생강나무가 노랗게 물드는 10월이 가장 좋습니다.
참, 어린아이가 있다면 쉬운 길로 오르셔야 해요~

### 어떻게 가나요?

**동키동산**: 이천시 호법면 동산로 154
**도드람산 입구**: 이천시 마장면 목리 75

### 함께 방문하면 좋은 곳은?

도드람산 앞에 있는 태평흥국명마애보살반가상 방문을 추천합니다~
동키동산에 오셨다면 가까운 호법농협에서 이천쌀을,
또는 이천로컬푸드직매장에 들러 이천 특산품을 구입해보세요!

**찬쭈가 드리는 여행팁!**

찬 : 도드람산 등산로를 따라 정상에 오르고, 내려올 때는 한 바퀴 돌아서 전망대와 돼지굴까지 보고 오는 길을 추천합니다~

쭈 : 도드람산 바로 옆에 유명한 롯데 프리미엄 아웃렛이 있으니 함께 다녀와도 재밌을 것 같아요~

## 04

# 고구마처럼 달콤한 이천여행!

### 하영농원 | 고인돌공원 | 이천의병전적비

1960년대 대한민국이 막 발전할 무렵, 다른 나라와의 수출 경쟁에서 이기려면 상품 가격이 저렴해야 했죠. 제품의 품질이 좋지 않아서 가격을 최대한 낮춰야 했답니다. 낮은 가격을 유지하기 위해서 회사는 노동자의 월급을 적게 줘야 했고요. 정부의 정책이기도 했답니다. 기업가만 배부르던 시절이었죠. 당시 노동자들은 월급 대부분을 먹는 것으로 지출했고, 쌀은 식비의 전부나 마찬가지였던 시절이었답니다. 쌀값을 올리면 노동자는 월급을 더 올려달라고 목소리를 낼 수밖에 없었겠죠? 그래서 정부와 기업의 야합으로 쌀값을 올리지 않았답니다. 낮은 쌀값은 농민이 부유하게 살 기회를 뺏었지요. 그래서 젊은 사람들은 도시로 떠나기 시작했답니다. 우리 농촌이 허물어지기 시작한 거죠.

하지만 이천의 농촌은 6차 산업으로 달리기 시작하려 해요.

농업을 1차 산업이라 부르고, 1차 생산물을 가공하는 산업을 2차 산업이라 부르는데요. 여기에 3차 서비스산업을 융합하여, 더 높은 가치를 만들어내는 것을 6차 산업, 공식 용어로는 농촌융복합산업이라 한답니다.

이천의 여러 6차 산업 업체 중에 하영농장이 있답니다. 하영농장에서는 고구마를 비롯한 농작물을 생산(1차)하고, 달금하영이라는 브랜드로 가공(2차)하고, 관광객에게 서비스(3차)를 제공한답니다.

이천에서 농촌의 색다른 미래, 6차산업을 하영농원에서 우리 만나볼까요?

Chapter 1

# 줄줄이 사탕!
# **고구마 캐기 체험!**

오늘은 아이들과 고구마 캐기 체험을 떠나보겠습니다~ 고구마에는 베타카로틴과 안토시아닌 성분이 풍부해서 항산화 능력이 탁월하고 암까지 예방할 수 있다고 합니다. 칼륨도 많이 들어 있어서 성인병 예방에도 좋고요. 풍부한 섬유질은 장 건강과 다이어트에 도움을 준답니다.

쭈: 쌤, 고구마가 그렇게 좋아요? 그럼 저는 10개라도 먹겠어요!
찬: 바보야! 다이어트에 좋다고 10개를 먹으면 탄수화물이 지방으로 바뀌어서 똥배가 되는 거야~
쭈: 오빠, 놀리지 마! 그럴 리 없어. 쌤, 정말 고구마가 지방으로 바뀌나요?
최쌤: 과도한 탄수화물 섭취는 지방으로 변환되어 피부 아래 쌓이지. 음, 유식하게 말하면 피하지방이라 하지.
쭈: 무식하게 말하면요?
최쌤: 무식하게 말하면… 똥배라고도 하지~
찬: 거봐~ 똥배 쭈야~
쭈: 오빠는 초등학생 주제에 똥배가 흘러내리잖아!
최쌤: 자자, 진정들 하시고~ 아무리 좋은 음식이라도 적당히 먹어야 건강에 도움이 되겠죠?
오늘은 하영농장으로 고구마를 캐러 떠나볼까요?

# Chapter 2 하영농장은요!

이천은 마그네슘이 풍부하고, 충적평야지대인데도 물 빠짐이 좋아 고구마 생산에 적합한 환경을 갖고 있답니다. 특히, 하영농장은 설봉산 기슭에 자리 잡아 좋은 토질과 환경에서 대한민국 최고의 고구마를 생산한답니다.

하영농장 고구마 캐기 체험

승현: 쌤, 고구마가 끊임없이 나와요~

고구마쌤: 고구마는 뿌리열매라 그렇단다~ 더 힘을 줘!

수연: 와~ 진짜 커요~

고구마쌤: 여러분, 고구마 캐기 힘들죠?

건영: 네~

고구마쌤: 요즘은 트랙터를 이용해서 땅을 헤집어줘서, 여러분은 고구마를 주워 담기만 하면 된답니다~

쭈: 진짜 신기해요! 트랙터가 지나가니 고구마가 줄줄이 막 나와요~

최쌤: 자자~ 얼른 주워 담자!

쭈: 쌤, 제가 캔 고구마는 모양이 특이해요~

수연: 쭈야, 우리 고구마랑 같이 셀카 찍을까?

쭈: 열심히 일하고 마시는 고구마라테는 정말정말 꿀맛이에요~

최쌤: 얘들아 고구마, 라테는 말야~

### 세상을 빛낼 브랜드, 달금하영

최쌤: 하영농장 대표님~ 달금하영이란 브랜드로 만든 다양한 제품들 중 달금하영 고구마말랭이만의 매력이 있을까요?

고구마쌤: 마트에서 파는 다른 제품과 비교해보시면 달금하영 고구마말랭이의 장점을 느끼실 수 있는데요. 좋은 제품을 만들기 위해서 버린 고구마만 해도 산더미처럼 쌓였을 거예요. 진짜 연구를 많이 해서 대한민국에서 가장 맛있고 식감 좋은 말랭이와 제품을 개발했답니다.

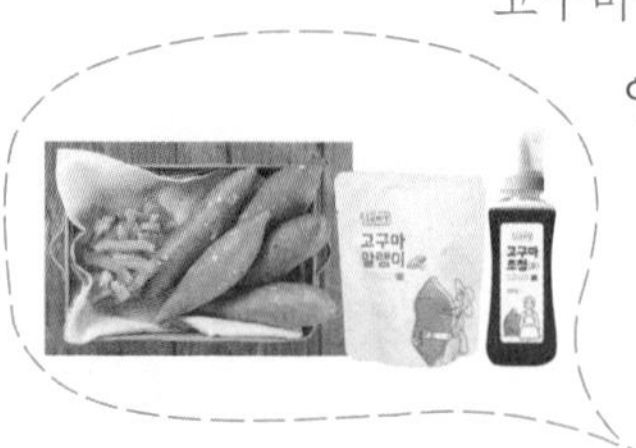

Chapter 3

# 아이들과 함께 **고인돌공원** 답사!

이천에 고인돌이 있다고요?

하영농장과 멀지 않은 곳에 고인돌공원이 있답니다.

비파형 동검과 탁자식 고인돌은 한민족의 영향이 어디까지 미쳤는지 알 수 있게 하는 유물인데요. 이천에도 강화도 고인돌 못지않은 근사한 고인돌공원이 있답니다. 청동기시대에 대해 공부할 수 있는 고인돌공원에 와보세요~

최쌤: 신석기인들은 큰 강 인근에 움집을 짓고 살았고, 청동기시대 사람들은 주로 야산이나 구릉에서 살았답니다~ 고인돌은 청동기시대의 유적인데요. 지석리의 고인돌공원은 전형적인 고인돌 유적의 모습을 보여준답니다. 이곳은 정개산이 차가운 북서풍을

막아주고 앞쪽에는 신둔천이 흘러 물을 구하기도 쉬웠을 거예요.

### 고인돌로 배울 수 있는 역사

쭈: 근데 쌤, 고인돌 몇 개로 옛날 역사를 어떻게 알 수 있어요?

최쌤: 고인돌 하나의 무게가 보통 수십 톤이 되거든. 하나를 완성하려면 적어도 수십 명의 인원이 필요해. 많은 사람이 맨입으로 옮겨주겠니? 명령을 내리는 사람에게 큰 힘이 있든지, 사람들에게 큰 대가를 주어야 했겠지? 이런 사실로 미루어 볼 때 계급사회가 등장했음을 짐작할 수 있단다. 그리고 주변 환경 등의 맥락을 통해서 그 시대를 추정해보는 재미가 바로 역사 공부의 매력이 아닐까 싶어~

찬: 맞아, 쭈야! 그니까 오빠처럼 열심히 공부해서 한국사 자격증 1급을 따렴!

쭈: 오빤, 역사 빼고 딴 건 못 하잖아!

최쌤: 에고, 또 싸우니? 자자, 그만들 하고! 우리 3행시나 지어보자. 선생님이 먼저 내 심정을 고인돌로 표현해볼게~

Chapter 4

# 이천의병투쟁 답사 1번지
# **이천의병전적비**

## 을미의병 최초의 승전, 광현전투

최쌤: 자~ 다 왔다. 을미의병 최초의 승전, 이천의병전적비란다!

쭈: 쌤, 을미의병이 뭐예요?

최쌤: 흠, 또 얼굴 한 번 등장해야겠구나~

찬: 을미의병은 알겠는데, 최초로 대승을 거둔 곳이 여기 이천 광현전투라고요?
최쌤: 당연하지, 명성황후 시해에 반발한 김하락, 구연영 등은 이천의 의병과 연합해서 이천에 의병기지를 건설했어.

광현전투를 한국사 교과서에!

찬: 쌤, 어떻게 일본을 이겼어요? 무기는 일본이 훨씬 좋았잖아요~
최쌤: 우리 의병은 지형을 이용해 그런 약점을 극복했단다. 이천의 의병은 이곳 광현에 숨어있다가 쳐들어오는 일본을 단숨에 물리쳤지. 이천의 후손들은 이를 기억하기 위해 넉고개(광현) 정상에 이천의병전적비를 세워놓았단다. 어때? 이천의 선배들이 참 자랑스럽지?
찬·쭈: 네!
찬: 근데 쌤, 역사책에는 광현전투가 실려 있지 않던데요?
최쌤: 이 자랑스러운 승리가 아이들이 배우는 교과서에도 실릴 수 있도록 우리 어른들이 더 노력해보마~

## 어떻게 즐길까?

조금만 더 설명해주세요

### 체험시즌은 언제예요?

고구마 캐기 체험은 8월 말부터 11월까지 진행된답니다~

### 고인돌공원과 함께 이천에서 역사 공부하기 좋은 곳은 어디가 있을까요?

근처 산수유마을, 육괴정에서 사화의 역사를 함께 공부하면 어떨까요?

### 어떻게 가나요?

**하영농원** : 이천시 증일동 171-6
**이천고인돌공원** : 이천시 신둔면 수하리 746-2
**이천의병전적비** : 이천시 신둔면 수광리 산4-1

### 함께 방문하면 좋은 곳은?

하영농원은 시내에 가깝답니다. 안흥지에 앉아서 정취를 즐겨보세요~
가까운 설봉산 세라피아도 추천합니다.

### 찬쭈가 드리는 여행팁!

찬 : 하영농장 고구마라테는 꼭 한번 드셔보세요!

쭈 : 고인돌공원은 주차장이 넓지 않고 대중교통도 불편한 편입니다.
자가용으로 오게 되면 큰길 옆에 주차하고 50미터만 걸어가면 된답니다~

## 05

# 사랑은 향기를 타고!

### 들꽃압화원 | 산수유사랑채 | 연당

이천 백사면 송말리는 풍천 임씨 사람들이 많이 사는데요. 송말리에는 좀 특별한 곳이 있답니다.

송말2리 앞에는 작은 연당 연못과 연당을 감싸고 있는 작은 숲이 있는데, 연당과 연당숲에는 재미있는 옛이야기가 숨어 있답니다. 왜냐하면, 연못과 숲은 마을에 나쁜 기운이 흐르지 못하게 일부러 만들었기 때문이죠.

옛날 사람들은 이렇게 숲이나 연못 탑 등을 만들어서 나쁜 기운을 막았는데요. 이것을 '수구막이'라고 부른답니다. 하지만 이곳 연당과 연당숲은 나쁜 기운만 막았던 것은 아닌가 봐요. 연당 숲은 바람을 약하게 해서 가뭄을 막아주고요. 연당 연못은 지하수를 가득 채워서 가뭄에도 물이 부족하지 않게 해준다네요. 역시 우리 선조들은 의미 없이 그냥 만든 게 없었나 봐요.

오늘은 역사 교과서에서 배울 수 있는 풍수지리 수구막이 숲을 찬쭈와 함께 걸어볼까요?

Chapter 1

# **들꽃압화원**, 들꽃 향기를 영원히 내 것으로 만들 수 있는!

최쌤: 옛날옛적에 부자 영감이 있었는데, 하나 있는 아들에게 현명한 신붓감을 구해주려 했지~ 3명의 며느리 후보가 있었는데 문제를 가장 빠르게 푸는 여인을 며느리로 맞기로 했단다.

최쌤: 무엇이 되었든 가장 빠르게 방 안을 채우는 게 문제였지.

찬: 정답! 물이 아닐까요?

쭈: 오~ 정답! 오빠 정답이니깐 부자 영감님네 며느리로 들어가~

찬: 너 또 시비냐?

최쌤: 첫 번째 여인은 솜을 사 왔어. 하지만 절반도 채우지 못했기에 탈락! 두 번째 여인은 꽃을 한 아름 사 왔어. 향기로 방을 가득 채웠단다. 결국, 두 번째 여인이 며느리가 되었어.

쭈: 세 번째 후보는요?

최쌤: 가장 빨리 채웠지만, 며느리가 되지 못했단다.

찬·쭈: 왜요?

최쌤: 세 번째는 문제를 듣자마자 그 자리에서 방귀를 뀌었단다. 빨리 채웠지만 떨어진 거지!

찬쭈: 우웩!

최쌤: 오늘은 온 세상을 가득 채울 수 있는 체험이란다.

쭈: 쌤, 그런 체험이 있어요?

최쌤: 그래! 오늘은 들꽃으로 세상을 채울 수 있는 압화 체험이지! 우리 함께 가보자~

Chapter 2

# 들꽃압화원은요!

## 들꽃마을에서 압화체험

들꽃압화원은 이천 산수유마을 입구에 예쁜 카페처럼 자리 잡은 곳입니다. 산수유꽃을 비롯해 다양한 들꽃으로 압화도 만들고, 장식품 만들기 체험도 진행하는 곳인데요. 아기자기한 압화 작품도 살 수 있답니다.

들꽃쌤: 얘들아 오늘은 우리 함께 압화체험을 할 거야.

쭈: 어디가 아파요? 아픈 걸 체험한다고요?

최쌤: 너가 이렇게 말귀를 못 알아들으니, 내 마음이 압화~!

찬: 오늘은 아빠체험, 내일은 엄마체험!

쭈: 무슨 말씀이세요? 왜 날 놀려!

들꽃쌤: 응, 압화는 꽃을 말린 뒤에 눌러서 예쁘게 꾸미는 공예를 말해~ 누를 '압', 꽃 '화'를 쓴단다.

쭈: 아~

찬: 쌤, 어떤 꽃이나 압화가 다 가능해요?

들꽃쌤: 모두 가능하지만, 오늘은 락스퍼랑 수국, 고비 잎사귀, 풍선덩굴을 이용해서 예쁜 엽서를 만들어 볼 거야.

찬: 선생님, 고비가 뭔가요?

들꽃쌤: 고비는 털 달린 예쁜 식물인데, 고사리랑 비슷하단다.

### 들꽃의 영원한 향기, 압화

쭈: 쌤, 이렇게 꽃을 잘라놓으면 꽃이 아프지 않을까요?

들꽃쌤: 와~ 유주는 참 섬세하고 착한 아이구나. 처음에는 나도 그렇게 생각해서 고민했는데, 이렇게 생각을 해봤어. 압화로 꽃을 예쁘게 만들어 간직하면, 꽃이 아프지 않고 오랫동안 사랑받을 수 있을 거라고.

쭈: 선생님, 너무 낭만적인 말씀이에요~

찬: 쌤, 저는 완성했어요~ 진짜 예뻐요~! 엄마한테 선물할 거예요!

### 들꽃압 '신미인도'

오이잎, 가지 잎, 고구마잎, 옥수수잎, 복숭아 꽃잎, 옥수수껍질

쭈: 들꽃쌤, 미인도네요? 마치 저 같아요~

찬: 이상한 소리 그만해! 쌤, 이걸 직접 만드신 거예요?

들꽃쌤: 그럼~ 산수유마을에서 직접 딴 꽃과 잎으로 만든 작품이란다.

찬: 와~ 멋진데요? 이런 작품들을 생활에도 활용할 수 있을까?

들꽃쌤: 그럼~ 여기 아래의 산수유사랑채에 압화작품을 이용해 전등도 만들고 장식품도 만들었지. 산수유사랑채에 우리 같이 가볼까?

# Chapter 3 들꽃향기 가득한 **산수유사랑채**

들꽃쌤: 들꽃압화원이 있는 산수유마을에는 산수유사랑채가 있답니다. 사랑채에선 전통혼례를 비롯해 전통잔치를 치를 수 있고요. 세미나실과 민박도 있어서 단체여행으로도 참 좋답니다~

최쌤: 마침 전통혼례가 있네요~

들꽃쌤: 네, 결혼한 지 60년 되신 부부가 다시 혼례를 하는 날이에요~

찬: 60살 된 부부가 아니라 결혼한 지 60년이요?

쭈: 헐! 내가 산 시간을 여섯 번이나 더 살아야 하는 시간이네!

최쌤: 정말 멋지네요. 산수유꽃 향 가득한 마을에서 잔치한다는 건 색다른 추억일 것 같아요. 추억은 들꽃 향처럼 영원히 남겠죠?

# Chapter 4

# 가장 아름다운 수구막이 숲 연당

## 가장 터가 좋은 마을 이야기

산수유마을 옆 동네에는 전국적으로도 보기 드문 수구막이가 있답니다. 수구막이가 뭐냐고요?

'수구막이'란 기운이 약한 부분을 탑이라든지, 나무, 연못 등을 이용해서 보충하는 것을 말하는데요. 이곳 연당은 수구막이의 전형을 보여주는 곳으로 전국에서도 손꼽히는 풍수지리 명당이랍니다~

연당이 만들어진 데에도 사연이 있답니다. 한번 들어보시겠어요? 옛날 조선 중종 시절 기묘사화(1519년)를 피해 여러 양반 가문이 이천으로 낙향합니다.

그중에 풍천 임씨 가문이 백사면 송말리에 은거하게 되는데요. 이사를 마치고, 당시 조선에서 가장 유명한 풍수가를 초대했더랍니다. 풍수가는 송말리에 도착하자마자 웃옷을 벗더니 이렇게 말했다고 해요.

"이곳의 터는 좋지만, 재물과 기운이 밖으로 빠져나가는 형상입니다. 재물과 기운이 빠져나가지 않고, 유명한 인물이 나오려면 저기 보이는 마을 입구에 연못을 만들고 나무를 심어야 합니다."

송말리 앞쪽이 트여 있어서 좋은 기운이 빠져나간다는 것이 지관의 말이었습니다. 이런 내력으로 만들어진 곳이 바로 연당과 연당숲이랍니다.

### 예언가가 예언한 인물은 누구?

찬: 쌤, 그럼 연당이 만들어지고 예언대로 정말 유명한 사람이 탄생했나요?

최쌤: 당연하지! 영화배우 임창정이 여기 출신이야~

쭈: 오~ 정말이요?

최쌤: 그렇지만 내가 생각하는 유명한 인물은 따로 있어~

쭈: 누구요?

최쌤: 송말리 출신 임형순으로, 20세기 초반 의병장으로 일제에 저항한 분이지. 일제가 고종을 강제로 퇴위시키자, 백사면 지역에서

의병을 모집하여 이천수창의소를 조직해서 항일무장투쟁을 전개했어 의병들과 함께 일본군을 공격하거나 이포나루로 오가던 일제의 운반선을 공격하기도 했단다. 임형순의 의병부대는 일제의 대토벌 작전에 밀려 제천방면으로 후퇴하게 되었고 깊은 산골짜기에서 순국했다고 해.

찬: 쌤! 그럼, 그분들의 후손은 예우를 받고 있나요?

최쌤: 아니. 가족과 후손은 일제를 피해 모두 뿔뿔이 흩어졌다고 해. 안타까운 일이지.

쭈: 너무해요. 쌤!

최쌤: 그치? 이제라도 다시는 우리 역사의 흐름 속에서 아픔이 없도록 우리가 노력을 해야겠지?

## 어떻게 즐길까?

조금만 더 설명해주세요

### 체험시즌은 언제예요?

365일 가능하지만, 사전예약을 해야 들꽃압화원과
산수유사랑채를 즐길 수 있답니다. 산수유꽃 피었을 때와
열매가 붉을 때 오시면 사진이 참 예쁘게 찍혀요~

### 연당에 비밀이 있다면서요?

연당 숲에는 상수리나무랑 느티나무가 하나로 붙어서 자란답니다.
잘 찾아보세요~

### 어떻게 가나요?

**들꽃압회원·산수유사랑채**: 이천시 백사면 원적로775번길 17-1
**연당**: 이천시 백사면 송말리 277-3

### 함께 방문하면 좋은 곳은?

산수유마을에 오셨다면 산수유 둘레길을 추천합니다.
근처에 천연기념물 반룡송도 좋고요. 산과 절을 좋아하신다면
원적산 영원사를 둘러보시고, 원적산에 오르는 것을 추천합니다!

### 찬쭈가 드리는 여행팁!

찬 : 백사면 사무소 앞에 청동기시대 검바위공원이 있는데요.
공원 입구에 임형순 의병장 추모비가 있답니다. 함께 둘러보세요~

쭈 : 아, 연당은 풍천 임씨 가문이 관리하는 땅이라서 조용히 다녀오셔야 한대요~

Part 4

# 아이들에겐
# 따뜻한 정서를,
# 어른에겐 아련한 추억을!

역사 향기 가득한 자채방아마을
둘레길이 아름다운 도니울마을
된장과 두부 익는 냄새가 고소한 서경들마을
연꽃 향기 가득한 우무실마을
율면평야의 풍요가 넉넉한 부래미마을
골라 즐기는 재미가 있는 이천 농촌체험여행!

1 눈, 코, 입이 행복해지는 축제여행의 종결자!
이천쌀문화축제+설봉호수

2 역사 향기 가득한 농촌체험마을 이야기
자채방아마을+도니울마을

3 고소한 두부, 구수한 청국장을 만나다
서경들마을+단드레한과

4 연꽃 향 가득한 농촌체험의 정석
우무실마을+성호호수

5 메뚜기 사냥꾼이 되어 부래미를 지키자!
부래미마을+장호원 장 구경+나래리 개비석

## 01

# 눈, 코, 입이 행복해지는 축제여행의 종결자!

### 이천쌀문화축제 | 설봉호수

벼농사의 시작은 봄이 아닌 가을이에요.

농부들은 가을걷이가 끝나고 가장 튼실한 낟알을 골라 보관했답니다. 왜냐하면, 다음 해의 씨앗으로 써야 하거든요. 이 볍씨는 봄이 되면 모판에 흙과 함께 담긴 뒤 논의 한구석에 자리 잡게 되는데요. 이 작업을 못자리라고 한답니다. 못자리가 끝나고, 모가 어느 정도 자라면 모판을 논으로 옮긴 뒤, 모내기를 시작한답니다. 모내기가 끝나면 어김없이, 모 때우기라는 고된 작업이 남아 있는데요. 기계가 완벽하지 않기 때문에 기계가 빼먹은 부분을, 사람들이 일일이 돌아다니며 채워 심어야 하거든요. 모 때우기가 끝나고 여름 장마와 무더위를 지나 가을 햇살이 조금 더 도와주면, 여름의 푸른 벼는 황금빛 알곡으로 바뀌어 온 들판을 노랗게 물들인답니다.

가을 텅 빈 들판은 예전엔 아이들의 몫이었답니다. 띄엄띄엄 비워진 논에는 메뚜기가 날아다녔어요. 우리끼리 메뚜기 풀이라 부르던 것이 있었는데, 잡은 메뚜기를 여기에 꿰어두었답니다. 메뚜기 여러 꿰미를 집에 가져가면 그날 저녁에는 들기름으로 메뚜기를 볶는 냄새와 안주 삼아 드시는 어른들의 막걸리 향으로 마을전체가 따뜻하게 진동했답니다.

이러한 옛 농촌의 풍요와 이웃의 따뜻함을 이천쌀문화축제에서 모두 만날 수 있답니다. 이천쌀문화축제로 찬쭈와 함께 떠나볼까요?

Chapter 1

# 세상에서 가장 풍성한 쌀 잔치!

대한민국 최고의 축제!

최쌤: 문화관광부 선정, 7년 연속 대한민국 최고 축제로 선정된 저력의 행사. 축제잡지 선정 대한민국 특산품 부문 1위! 대한민국 축제 콘텐츠 대상에 빛나는 대한민국 최고의 축제!

쭈: 아~ 쌤, 무슨 축젠데 이렇게 거창하게 소개하세요?

최쌤: 어허! 지금 소개 중인데 김을 빼냐?

쭈: 무게를 너무 잡으시니깐 그렇죠!

최쌤: 됐고, 이천하면 가장 먼저 생각나는 특산물이 뭐지?

찬: 하이닉스 반도체요?

최쌤: 뭐 틀린 말은 아니지만…. 딴 건?

쭈: 당연히 이천쌀이죠!

최쌤: 그치! 쌀 하면 이천이고, 축제라고 하면 '이천쌀문화축제' 잖니!

# Chapter 2 이천쌀문화축제는요!

최쌤! 이천쌀문화축제는 어떤 축제인가요?

매년 10월에 열리는 이천쌀문화축제는 이천을 대표하는 쌀을 주제로 개최되는데요. 이천쌀아이스크림부터 이천쌀찐빵, 이천쌀케이크, 쌀떡꼬치 등 이천쌀만으로 펼쳐지는 향기로운 파티를 직접 즐기실 수 있답니다.
이천쌀문화축제는 문화관광부 선정 최고의 축제로 선정됐을 정도니 설명 더 안 드려도 되겠죠?

이천쌀문화축제에는 어떤 이벤트가 열리나요?

이천의 기후는 특별합니다. 안개가 많고 일교차와 연교차가 큰데요. 쌀 말고도 인삼과 황기, 사과, 배, 산수유, 도라지, 버섯, 복숭아 가공품 등 다양한 작물도 만날 수 있죠!
그 외에도 쌀로 할 수 있는 모든 것들을 체험할 수 있는 축제가 바로 이천쌀문화축제입니다!

축제의 특징 몇 가지만 소개해주세요~

음, 비밀인데 살짝 알려드릴게요!
일단 첫 번째로 다양한 전통놀이!
이천이 자랑하는 거북이 길놀이, 용줄다리기 같은 이천의 전통놀

이를 즐길 수 있고요. 읍면동 볏짚 경연대회에서는 누가 더 빨리 볏짚을 이용해 새끼줄을 빨리 만드는지 경연을 하는데요. 할아버지, 할머니들께서 정말 좋아하신답니다~

또 쌀로 만든 화장품이라고 들어보셨나요? 예전엔 쌀뜨물로 피부를 촉촉하게 했다는데요. 그런 쌀을 이용한 화장품 만들기까지 체험할 수 있어요~

축제에서 가장 추천하는 프로그램 하나만 꼽아주세요!

딱 하나 고르기는 힘들겠지만, 역시 축제는 먹는 거죠! 이천쌀로 만들어 파는 이천쌀막걸리 주막을 특히 추천하고요. 가장 추천하는 프로그램이라면 2,000인분 가마솥밥! 믿기 어렵겠지만 쌀축제에는 2,000인분 밥을 지을 수 있는 가마솥이 있는데요. 단돈 2,000원에 맛을 볼 수 있답니다~ 이천이니까요! 하나 더 추천하자면, 햅쌀마당에서는 각 읍면동의 농가들이 직접 재배한 쌀과 작물을 직접 판매하는데요. 여기선 찧은 지 얼마 되지 않은 진짜 이천쌀을 만날 수 있답니다! 마지막으로 무지개 가래떡 만들기! 기네스북에 도전할 정도로 이천쌀을 가래떡으로 길게 만드는 행사인데요. 어른들도 참 좋아합니다~

Chapter 3

# 아이들과 함께 **쌀문화의 향연으로!**

아이들과 함께 모내기 체험

쭈: 사람이 정말 많아요!

최쌤: 당연하지! 축제는 사람이 함께하니깐 재밌는 거야~

찬: 앗! 저기서 모내기를 해요! 논에 물이 가득한데요?

최쌤: 쌀을 키울 때는 물이 필요해~ 하지만 물이 많으면 잘 자라지 않을 때도 있어. 그래서 빼줘야 할 때는 빼주고 채울 때는 채워야 하지. 우리가 사는 삶이랑 비슷해~

쭈: 쌤, 너무 멋있는 척하면서 말하는 거 아닌가요?

찬: 우리도 모내기 함께해요!

소원 적어 태우기

찬: 어? 쌤 저기에 소원 기둥이 있어요~

쭈: 우리 소원 빌기 하고 가요~

최쌤: 음, 미리 얘기하지만, '예뻐지기', '착해지기', 이런 건 빌어도 안 될 거야.

쭈: 아! 쌤!

이천 쌀밥 명인전

각 읍면동의 쌀밥장인들이 나와서 대결을 펼치는 가마솥 밥 짓기 명인 대회! 이천 쌀문화축제에서 이 프로그램도 뺄 수 없겠죠. 태어나서 느껴보지 못한 궁극의 밥맛을 맛볼 수 있답니다~

쭈: 집에 갈 때는 이렇게 쌀 한 가마 어깨에 지고 가지요~

Chapter 4

# 연인과 함께라면? 축제장 앞 **설봉호수 힐링로드!**

찬: 쌤! 설봉호수가 유명한 이유가 있다면서요?

최쌤: 응, 예전에 소지섭 주연의 드라마 〈미안하다 사랑한다〉의 촬영지였거든.

찬: 그런 드라마가 있었어요? 쌤은 아주 옛날 사람이네~ 쌤, 〈사랑의 불시착〉이라고 알아요? 그 드라마도 여기서 찍었어요~

쭈: 어라? 여기 호수에 뭐라고 쓰여 있어.

최쌤: 원래 인간은 물을 보면 마음이 편해지고 열리게 되지~ 근데 내가 이 앞으로 너희를 왜 데리고 왔겠니?

찬: 우리가 드라마 주인공처럼 멋있어서요?

최쌤: 너희도 물 보면서 좀 더 친하게 지내라고 데려왔다!

## 어떻게 즐길까?

조금만 더 설명해주세요.

**이천쌀문화축제는 언제 열리나요?**

축제는 매년 10월 말에 열리는데요.
미리 일정 확인 후 방문하셔야 해요~

**이천쌀문화축제를 더 행복하게 즐기는 방법이 있을까요?**

축제 구석구석에 이천의 농산물과 특산품을 판매합니다.
마트에 오신다고 생각하고 쇼핑까지 하시면 기쁨 열 배!
아, 택배도 가능해요!

**어떻게 가나요?**

'설봉산 주차장'을 검색 후 오시면 됩니다.

**함께 방문하면 좋은 곳은?**

10월 말은 설봉산 단풍이 참 예쁠 때입니다.
가족과 함께 삼형제바위와 영월암, 그리고 정상까지 한 바퀴 돌아보세요~

### 찬쭈가 드리는 여행팁!

찬 : 사람이 너무 많이 방문해서 주차장이 부족해요~
시청 근처에 주차하시고 셔틀버스를 타고 와도 좋지만, 경찰서 인근에서
산길을 따라 축제장까지 걸어오시면 가을도 즐기실 수 있을 거예요~

쭈 : 시내에 주차하시고, 관고전통시장도 구경하시고 호숫길 따라서 설봉역이랑
설봉호수 힐링로드를 따라 설봉산 축제장까지 산책하면 여행의 즐거움은 2배!

# 02

# 역사 향기 가득한 농촌체험마을 이야기

## 자채방아마을 | 도니울마을

농촌이 언제부터 노인들이 많이 사는 곳으로 변했을까요?

1960년대 이후 정부의 낮은 쌀값 정책으로 경쟁력이 떨어지자 농촌은 위기를 맞기 시작했는데요. 계속된 인구 감소와 고령화, 그리고 노인들이 감당하기 힘든 시장 개방과 그에 따른 경쟁력 약화 등으로 농촌은 파산 직전까지 내몰렸답니다.

농촌 사람들은 살아남으려 여러 길을 찾고 있는데요. 로컬푸드를 활성화하고, 지역 특산물 브랜드를 개발하고, 농촌체험여행 프로그램도 준비했답니다. 농부들은 밤에 SNS를 공부해 온라인 판매에도 나섰고 지역 내 관광자원을 연계하거나 역사 이야기 등을 엮어서 농업과 농촌의 가치도 높이려는 시도를 하고 있답니다.

이천에는 농촌체험마을이 여럿 있습니다. 자채방아마을은 승마와 농촌체험을 결합해서 편히 쉬어갈 수 있는 프로그램을 진행하고 있고, 도니울마을은 시골 어르신이 체험객 아이들을 직접 가르치고 호흡하는 등 특별한 체험을 통해 도시 아이들에게 따뜻함을 선사한답니다.

우리 모두 따뜻한 농촌체험마을로 떠나볼까요?

Chapter 1

# 역사와 체험을 동시에 하는 **자채방아마을**

최쌤: 오늘은 군량리 만세탑을 찾아가보자~

찬: 만세탑이요? 에펠탑처럼 높은 탑인가요?

최쌤: 그건 아니고, 군량리에서 일어난 3.1운동을 기념한 탑이지.

쭈: 와~ 그런 탑이 이천에 있었어요?

최쌤: 그럼. 이천은 독립운동의 뜨거운 성지였거든.

그렇다면 여기서 문제! 만세탑은 몇 년대에 만들어졌을까? 힌트를 주자면 만세탑은 3.1운동을 기념하기 위해서 만든 탑이고, 3.1운동은 1919년에 일어났지~

쭈: 정답! 1919년이요~

찬: 바보야, 일제강점기에 일본이 탄압하는데 어떻게 이런 걸 세울 수 있냐?

최쌤: 오~ 역시 찬, 초등학생 때 한국사검정능력 1급을 가볍게 딴 역사 천재답네. 그래 유찬이가 말해봐~

찬: 1960년대요!

최쌤: 땡!

쭈: 1970년대요!

최쌤: 맨날 이렇지! 정답 근처에는 찬이 다가서지만, 결국 정답은 눈치 빠른 쭈가 맞히는구나~

Chapter 2

# 자채벼 익는 **자채방아마을**

## 자채방아마을은요

자채방아마을은 역사가 참 깊답니다. 자채방아마을에서는 신석기시대는 물론 청동기시대 유물도 발견되었고요. 고려시대와 조선시대 얽힌 이야기도 유명하답니다. 마을 입구에 만세탑 보셨죠?

일제강점기에는 독립운동으로 저항했던 유서 깊은 곳이기도 하고요. 이천에서 가장 오래된 교회도 있답니다. 또한, 예전에 유명했던 MBC 〈무한도전〉 팀이 방문해서 체험했던 곳이기도 해요. 함께 자채방아마을을 걸어볼까요?

## 3.1운동 기념 군량리 만세탑

찬: 쌤, 만세탑에 대해서 조금만 더 설명해주세요~

최쌤: 군량리 만세탑은 3.1운동을 기념하기 위해 만든 탑이야. 당시 군량리 사람인 김보연이 마을 사람들을 이끌고 운동을 주도했다고 전해져~

찬: 그럼 그 당시 사람들이 김보연 선생님을 존경하셨겠네요? 혹시 어떤 훈장을 받으셨어요?

최쌤: 음…. 안타까운 일이지만, 김보연 선생은 일본 경찰에 잡혀

서 모진 고문을 받은 후 정신을 잃고 어디론가 사라지셨단다….

찬: 헐, 어떻게 그럴 수 있어요?

최쌤: 이완용 같은 자는 3.1운동을 하던 학생들에게 '국정을 알지 못하는 경거망동'이라며 폄훼했어. 지금이라도 우리가 김보연 같은 분들의 뜻을 기리고 이어받아야지!

찬: 그래서 군량리의 후손이 이 탑을 세운 거군요!

최쌤: 그렇지! 군량리 사람들이 만세운동을 벌였던 마을 입구 언덕에 후손이 탑을 세운 것이지.

쭈: 쌤, 이렇게 멋진 곳을 어떻게 그냥 지나가겠어요? 우리 같이 사진 찍어요~

### 무우정

무우정은 자채방아 마을의 넓은 들판에 솟은 작은 언덕의 정자인데요. 이곳에서는 마을을 한눈에 볼 수 있어요. 이 정자도 사실은 사연이 있답니다~

임진왜란 때 활약한 군량리 출신의 이성임이 세운 것으로 전해지는데요, 그의 후손이 이인좌의 난에 연루된 후로 무우정도 허물어졌답니다. 이 정자 역시 군량리 사람들의 손길로 다시 세워졌고, 얼마 전 다시 중건되었답니다!

### 유재석도 반한 자채방아 미꾸라지잡이

최쌤: 애들아, 미꾸라지 중 작은 미꾸라지를 뭐라 부르는지 아니?

쭈: 하… 쌤, 미꾸스몰이요! 쌤 감각 많이 떨어지시네요~ 요즘엔 그런 개그 아무도 안 해요!

최쌤: 헐!

어쨌든 전설의 예능 프로그램인 〈무한도전〉에서 유재석을 비롯한 멤버들이 이곳에 와서 함께 미꾸라지를 잡고 체험을 했단다. 함께 자채방아마을에서 미꾸라지를 잡아 볼까?

### 자채방아 게걸무 김치 만들기

게걸무라고 아세요? 이천 근방에서만 자라는 특별한 작물인데요. 이천사람 아니면 잘 모르지만, 요즘 최고의 건강식품으로 유명해지고 있답니다. 특히, 게걸무씨 기름은 항암 효과가 있고 폐 건강에 특히 좋다고 해요. 독특한 식감으로 소금에 절인 물김치도 입맛을 자극한답니다~

### 자채방아마을 체험

승마체험, 고구마 캐기, 오색떡 만들기, 고구마묵 만들기, 벼 탈곡 체험 등 다양한 농촌체험을 즐길 수 있답니다.

# Chapter 3 둘레길을 따라 걷는 **도니울마을**

도니울 둘레길이 예쁜 도니울마을

자채방아마을에서 멀지 않은 곳에 도니울마을이 있답니다. 500년 넘은 은행나무가 수호신처럼 지키는 마을인데요. 푸근한 이장님부터 따뜻한 동네분들까지 매력 넘치는 농촌체험마을이에요~ 도니울마을은 마을의 어르신들이 직접 아이들의 체험 강사로 나서서 더 의미가 깊은데요. 유치원 아이들과 팔순의 할머님이 하나가 되어 무언가 만드는 모습은 보고만 있어도 흐뭇해진답니다!

또, 도니울마을엔 도니울 동굴길이 있어요! 마을을 감싸고 있는 숲길인데요. 하도 울창해서 한여름에도 동굴처럼 시원하게 걸을 수 있답니다.

동굴길 끝에 있는, 이천에서 가장 오래된 은행나무 구경도 빼놓을 수 없어요!

도니울 쌀찐빵 만들기 체험

최쌤: 쭈야~ 공부를 그렇게 집중해서 해봐라~

쭈: 쌤! 말시키지 마세욧! 눈 붙이는 중이에요~

체험쌤: 우리 도니울 찐빵의 팥은 도니울마을에서 기른 팥으로만 소를 만드는데요. 어머님들이 정성 들여 세 시간을 삶아 달달하게 맛을 낸 팥소에 반죽을 감싸서 펄펄 끓어오르는 찜통에 넣고, 뜨거운 수증기 속에서 희망을 가득 담아 쌀찐빵을 만든답니다. 도니울에서 쌀찐빵 만들기에 도전해보세요!

Chapter 4

# 도니울에선 모든 게 풍성하답니다

도니울 감자 고구마 체험

도니울 감자를 캐기 위해 아미초등학교 학생들이 모였답니다. 한 가정당 두 박스를 캐서 한 박스는 집으로 가져가고, 한 박스는 기부를 하기로 했답니다! 그래서 평소보다 더 열심히 하네요!

모락모락 순두부 만들기 체험

도니울체험마을에서는 이곳에서 직접 기른 콩을 옛날 가마솥에 끓여 순두부를 만드는데요. 장작을 피워 모락모락 연기가 나면 도니울마을 전체가 따듯해진답니다.

쌀비누 만들기 체험

쌀이 피부에 좋은 건 다 아시죠?

얼굴팩 가운데 쌀겨로 만든 팩이 인기라는 것은 모두 아는 사실이에요. 쌀이 피부를 촉촉하게 부드럽게 해주거든요~ 도니울에서 체험하는 비누는 선물용으로도 참 좋아요~

한과 만들기

찬: 쭈야! 밀어~ 힘껏 밀어야지 딱딱하게 굳지~

## 어떻게 즐길까?

조금만 더 설명해주세요.

### 체험시즌은 언제예요?

자채방아마을과 도니울마을은 봄과 가을이 가장 좋지만,
사계절 내내 즐길 수 있는 농촌체험이 준비되어 있답니다~

### 도니울마을의 가장 큰 매력은 뭐예요?

500년 된 은행나무까지 한 바퀴 걷는 둘레길도 좋지만요.
체험을 함께 진행하는 할머님들의 마음이 참 따뜻하고 좋습니다!

### 어떻게 가나요?

**자채방아마을**: 이천시 대월면 군량리 419
**도니울마을**: 이천시 대월면 대월로667번길 359-3

### 함께 방문하면 좋은 곳은?

자채방아마을과 도니울마을 근처에는 LG챔피언스파크가 있답니다.
LG 트윈스 팀의 2군 경기가 있는 날에 맞춰 방문해보세요~

### 찬쭈가 드리는 여행팁!

찬 : 도니울마을에는 세상에서 제일 맛있는 누룽지를 만드는 곳이 있어요!

쭈 : 먹는 거 밝힌다고 오빠를 놀리고 싶지만, 진짜 맛있는 누룽지과자인데요.
도니울 쌀로 만들어서 훨씬 더 맛있어요! 체험 오시면 꼭 맛보세요~

## 03

# 고소한 두부, 구수한 청국장을 만나다

### 서경들마을 | 단드레한과

부지런한 농부들은 날이 추워지기 전에 논에 물을 채운답니다. 채운 물이 얼어붙으면 치열했던 농부의 일터는 아이들의 놀이터로 변하는데요. 썰매와 스케이트, 아이스하키를 하면서 그 옛날 아이들은 열심히 놀았답니다.

고요한 겨울, 논은 쉬지 않아요. 수확 후 남은 벼의 밑동은 물속에서 얼고 녹으면서 삭기 시작하는데요. 삭은 볏짚은 다시 봄에, 어린 모가 자랄 양분이 된답니다.

겨울의 농촌은 평화롭고 따뜻하답니다. 김장을 끝으로 경건한 노동의 시간이 끝나면 만찬의 시간이 찾아옵니다. 수확한 콩으로 두부를 만들고 메주를 띄우고 청국장을 만들기도 한답니다.

두부를 해 먹는 날엔 골목 어른들이 모두 모여 두부 전에 식사를 했답니다. 갓 나온 따끈한 두부에 막걸리도 한 사발 드시고 노래도 한 자락 뽑으셨지요. 농부에게 겨울은 학생들의 점심시간과도 같았답니다.

서경들마을에서는 두부랑 청국장을 함께 만들며 농부들의 점심을 체험할 수 있는데요. 찬쭈와 함께 서경들마을에서 농부의 점심을 함께 즐겨볼까요?

서경들전통식품

Chapter 1

# 청국장 내음 가득한 **최고의 농촌체험마을**을 만나다!

최쌤: 얘들아! 내가 가장 좋아하는 음식이 뭔 줄 아니?

쭈: 음, 고구마 말랭이요! 지난번 하영농원에서 엄청나게 드시던데요?

최쌤: 흠흠, 틀린 말은 아니지만….

찬: 전 쌤이 좋아하는 음식은 몰라도 위험한 음식은 알아요~ 베를린 음식이 위험해요!

최쌤: 무슨 소리냐? 독일 음식이 왜 위험해? 맛없어서?

찬: 아니요? 베를린은… 독일 수도…

쭈: 우우우! 또 아재개그! 도대체 오빠는 나이가 몇 살이야?

최쌤: 독일 음식이 맛이 없긴 하지~

난 두부가 제일 좋아~ 어릴 때 시골에서 할머님께서 가끔 해주셨어. 두부 만드실 때, 몽글몽글 끓어오르는 콩 냄새는 정말~ 세상에서 가장 고소하고 행복한 향이었지!

쭈: 전 두부가 싫은데… 쌤은 그렇게 좋으세요?

최쌤: 갓 만든 두부의 부드럽고 고소한 맛은 정말 예술이지! 거기에 노릇노릇 부쳐 먹는 두부 부침은 와우! 빨리 가자!

찬: 어디를 가시는데요?

최쌤: 오늘은 두부도 만들고 청국장도 만들 수 있는 서경들마을이다!

서경들 사랑방

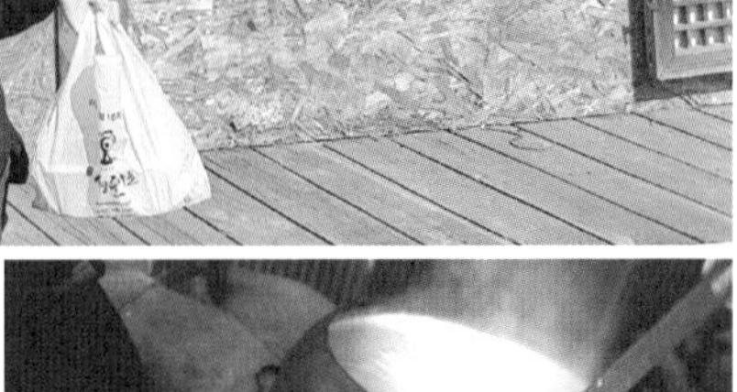

Chapter 2

# 서경들마을은요!

## 청국장과 된장의 서경들마을

서경들마을은 모가면 서경리에 있는 농촌체험마을이에요. 서경리는 마국산의 좋은 기운이 넘치는 곳으로 명품 쌀과 양질의 메주콩이 잘 자란답니다. 아마 서경리는 못 들어보셨어도, 서경들 된장과 청국장은 들어보셨을 거예요.

찬: 못 들어보셨다고요?

쭈: 그럼 지금 당장 마트로 달려가 보세요!

## 슬로푸드 마을

서경들마을은 슬로푸드 사업에 지정되어 '술'을 테마로 슬로푸드 체험을 운영하고 있고요. '농어촌 인성학교'로 선정되어 지역 발전을 위해 노력하고 있답니다.

찬: 쌤, 술이랑 인성학교는 잘 연결이 안 되는데요?

최쌤: 서경들마을에는 세미나실이랑 최신 숙박시설까지 완벽하게 준비되어 있으니 언제든 놀러오세요~

아이들이 좋아하는 농촌체험과 음식체험까지 오감을 만족할 수 있는 농촌체험마을이 바로 여기 서경들마을이랍니다.

# Chapter 2 아이들과 함께 **서경들마을** 즐기기

쭈와 함께 두부 만들기

① 백태라고 부르는 하얀 콩을 깨끗하게 씻고 좋은 물에 8시간 정도 불립니다.

② 맷돌에 넣고 곱게 갈아줍니다.
물론 믹서에 갈아도 괜찮겠죠?

찬: 쭈야, 맷돌 손잡이를 뭐라고 하는 줄 알아?

쭈: 설명하는데 자꾸 말 시킬 거야? 근데 뭐라고 하는데?

찬: 어처구니가 없네. 어처구니라고 하지~

쭈: 헐!

③ 곱게 간 콩을 면 보자기 등에 넣고 짜내어 즙을 받아주세요~ 면 보자기에 남은 것을 비지라고 부른답니다.

찬: 그래서 바쁠 땐 아침에 엄마가 비지찌개를 끓여주시는구나?

쭈: 오빠! 설명하는데 자꾸 아재개그 할 거야? 이해해주세요. 오빠가 최쌤 닮아서 썰렁개그를 많이 해요~

④ 짠 즙을 냄비에 넣고 가열하다가 거품이 넘칠 때쯤 불을 꺼주세요.

⑤ 그리고 간수를 넣어서 휘휘 저어주면 된답니다. 아! 간수를 넣어주는 이유는 콩 속 단백질을 굳히기 위해서예요~

⑥ 이제 그냥 드시면 순두부가 되고요. 네모난 틀에 받치고 면 보자기를 깔아 거른 뒤 세게 눌러주면 두부가 된답니다~

쭈의 요리교실 끝!

아, 맞다! 강하게 오래 눌러주면 부침두부가 되고요. 약하게 잠깐 눌러주면 찌개두부가 된답니다~

전통주 만들기

최쌤: 얘들아~ 우리나라에서 가장 오래된 술이 무슨 술인지 아니?

쭈: 오빠! 또 심술이라 그럴 거지?

찬: 아니, 마술~

최쌤: 역사 기록에는 주몽의 엄마 아빠인 해모수와 유화부인이 술을 마시고 사랑을 나눴다고 해. 해모수의 술이 가장 오래된 기록이야~

청국장 만들기

쭈: 자~ 다시 쭈의 요리교실 시간이 돌아왔습니다!

찬: 아, 그만해! 맨날 넌 설명만 하니?

쭈: 그래도 오빠처럼 먹기만 하는 것보단 훨씬 낫잖아!

최쌤: 그래서 어떤 음식을 설명할 거니?

쭈: 꾸리꾸리한 냄새의 청국장이요!

찬: 진짜, 냄새는 지옥이고 맛은 천국이에요~

최쌤: 요즘은 기술이 발달해서 냄새는 적고 구수한 맛을 즐길 수 있는 청국장이 개발됐단다~

최쌤: 청국장은 왜 청국장일까?

찬: 제가 알아요~ 병자호란 때 청나라 군사들이 즐겨 먹었다고 해서 청국장 아닌가요?

최쌤: 그런 설이 있지. 옛날에 우리 민족을 포함한 북방 민족은 먼 길을 떠날 때나 전쟁에 나갈 때 콩을 불려 말에 싣고 나갔거든. 그때 말의 체온 때문에 콩이 발효되어서 청국장 비슷한 음식이 되었다고 해~

최쌤: 자, 콩을 오빠 얼굴이라고 생각하고 쳐!

쭈: 아~ 그럼 두 손으로!

# Chapter 3 명절에 만나요! **단드레한과**

이천하면 쌀이잖아요. 그러니 쌀로 만든 한과도 이천을 대표하는 음식으로 빼놓을 수 없겠죠? 이천은 한과로도 유명한데요. 단월동에 있는 단드레한과는 이천쌀로 맛있는 한과를 만들어낸답니다.

① 찹쌀을 물에 담구어 열흘 정도 발효해줍니다.

② 발효해 준 쌀을 빻은 후 스팀으로 쪄줍니다.

③ 찐 반죽은 예쁘게 모양을 만들어 건조한 뒤에 숙성해줍니다.

④ 아, 이게 중요한데요. 유과는 저온에서 한번 튀기고요. 고온에서 높은 온도에서 다시 튀겨준 뒤 옷을 입히면 완성~

쭈: 만들기 어려워보이죠? 걱정 마세요~ 단드레 한과에 오시면 간편하게 체험 가능하답니다~

## 어떻게 즐길까?

조금만 더 설명해주세요.

### 체험시즌은 언제예요?

서경들마을은 365일 체험이 가능합니다.
단, 예약하셔야 해요~

### 근처에 걷기 좋은 곳이 있다면서요?

네, 서경들마을에는 작은 저수지가 있답니다.
식사하고 산책 한 바퀴~

### 어떻게 가나요?

**서경들마을**: 이천시 모가면 서경리 327-5
**단드레한과**: 이천시 단월로38번길 42-48

### 함께 방문하면 좋은 곳은?

서경들마을에 오셨다면 청국장 맛집에 들러보시고요.
근처에 이천 테르메덴리조트 방문도 추천합니다~

**찬쭈가 드리는 여행팁!**

찬 : 서경들마을에는 논 한가운데 오랜 향나무가 있답니다. 한 바퀴 산책!
쭈 : 서경들마을에서 만든 두부는 진짜 고소해서 생으로 드시면 더욱 맛있답니다~

## 04

# 연꽃 향 가득한 농촌체험의 정석

### 우무실마을 | 성호호수

성호저수지 연꽃공원은 역시 꽃이 활짝 핀 여름이 제철이지만, 연꽃 구경에도 순위는 있답니다.

여행 하수인 사람은 한낮에 연꽃을 구경합니다. 낮에는 환한 연꽃을 밝게 볼 수 있어서 사진 찍기에 가장 좋기 때문인데요. 환하게 쏟아지는 햇살 아래 밝게 빛나는 연꽃은 최고의 모델임이 틀림없답니다. 그러나 역시 여름에는 더워서 한낮은 힘들겠죠?

여행 중수인 사람은 뜨거운 낮을 피해 아침 일찍 연꽃단지를 찾는답니다. 땀도 안 나고 연잎에 구르는 물방울을 보는 재미도 있으니까요. 안개라도 낀 날 아침이면 더욱 몽환적인데요. 아무도 없는 아침의 연꽃 구경은 더 서정적이랍니다.

그러나 역시 최상급 답사객들은 저물녘에 연꽃을 찾는답니다. 더위도 피할 수 있고, 석양에 은은하게 빛나는 연꽃은 낮과는 전혀 다른 감동까지 느낄 수 있거든요. 화려했던 연꽃은 해가 지면서 점점 흑백사진이 되어 가는데, 다른 시간대에는 좀처럼 감상할 수 없는 장면으로 커다란 감동을 안겨줍니다.

## Chapter 1 우리 민족은 밥의 힘!

찬: 와~ 저기 보세요! 저기 작은 땅에도 농작물을 심었어요~

최쌤: 원래 농부들 마음이 그래. 벌을 기르는 사람들은 꽃을 지나치지 못하고, 농부는 빈 땅을 그냥 두지 못하는 법이거든~

쭈: 돈이 없어서 그러는 거예요?

최쌤: 그건 본능 같은 거야~

최쌤: 우리 민족은 힘 있는 민족이잖니? 코로나 사태도 세계에서 가장 슬기롭게 물리치고 있잖아. 그 힘은 쌀밥에 있지 않나 싶어~

찬: 쌀밥에요?

최쌤: 우린 안부 물을 때 이렇게 말하잖니? "밥은 먹고 다니니?", 오랜만에 만난 사람에겐 "다음에 밥 한번 먹자"라 하고 위급한 상황에서는 "넌 목으로 밥이 넘어가냐?"라 하잖아. 모두 밥과 관련이 있지~

찬: 맞아요! 인사할 때도 "식사하셨습니까?" 이러잖아요!

쭈: 맞다! 진짜 싫은 사람에겐 "아우 밥맛!" 이러잖아~

찬: 어휴! 바보야 그건 다른 말이지!

최쌤: 시간 없다. 얼른 쌀로 유명한 우무실마을로 가자!

쭈: 왜, 쌤은 맨날 시간이 없어요?

최쌤: 결혼 전에 여성분들도 맨날 나한테 시간이 없다 그랬어~ 어서 가자!

## Chapter 2 우무실마을은요!

물맛 좋고 인심 좋은 우무실마을

우무실마을은 노승산 자락에 있는 전형적인 농촌체험마을입니다~ 노승산에서 흘러내려 와서 솟는 우물물이 유명해서 우무실이라는 이름이 붙었는데요. 물맛도 좋고 인심도 좋아서, 더 행복한 체험여행이 될 거예요~

떡 만들기 체험

최쌤: 세상에서 제일 맛있는 인절미는 갓 만든 인절미! 같이 한번 만들어보자~ 누가 떡메를 휘둘러볼래?

찬: 힘세고 날렵한 쭈가 해보겠습니다~

쭈: 뭐, 이까짓 거!

마당질 탈곡 체험

쭈: 쌤, 마당질이 뭐예요?

최쌤: 마당질은 농촌에서 가장 기분 좋은 날이지. 탈곡하는 날이니까~

찬: 근데 쌤, 왜 마당질이라고 불러요?

최쌤: 옛날에는 추수한 벼와 콩은 넓은 마당으로 가져와서 낟알을 털어냈거든, 그러니까 '마당'에 '질'이 붙어서 '마당질'이라고 부르게 됐단다~

Chapter 3

# 이천에서 노을이 가장 아름다운, **성호호수 연꽃단지**

최쌤: 진짜 아름다워!

쭈: 저도 알아요~ 날개 달린 천사 같죠?

최쌤: 아니, 너 말고 노을!

찬: 진짜 노을 예쁘죠? 야, 쭈! 너 비켜봐! 노을 안 보인다!

쭈: 뭐야! 성호호수 연꽃단지는 2010년대 초반 조성된 연꽃 호수로 넓은 성호호수의 한쪽을 막아 조성했답니다. 성호호수는 금당리와 장천리에 걸쳐진 커다란 호수입니다. 최근엔 연꽃단지 조성으로 걷기 좋은 곳으로 떠오르고 있고요. 얼마 전 여행책의 표지로도 실리면서 더욱 유명해진 곳이랍니다~

쭈: 쌤, 그 책이 무슨 책이에요? 설마 쌤 책인가요?

최쌤: 부정하진 않겠어~

찬: 헐!

쭈: 연꽃잎이 〈이웃집 토토로〉에 나오는 나뭇잎 우산 같아요~

## 어떻게 즐길까?

조금만 더 설명해주세요.

### 체험시즌은 언제예요?

**우무실마을**: 체험장이 있어서 사계절 모두 가능하지만,
가을과 봄이 가장 좋답니다.
**성호호수 연꽃단지**: 연꽃이 피는 7월과 8월에 가장 아름답습니다.

### 성호호수는 연꽃만 구경할 수 있나요?

성호호수는 가족 낚시터로도 유명합니다. 연꽃도 보고 함께 다녀가세요~

### 어떻게 가나요?

**우무실마을**: 이천시 설성면 수산리 758
**성호호수 연꽃단지**: 이천시 설성면 장천리 328-3

### 함께 방문하면 좋은 곳은?

성호호수 근처에 승마장도 있고 와우 목장도 있는데요.
말도 타보고, 젖소 체험도 해보면 어떨까요?
설성농협에서 이천쌀도 구매해보세요~

**찬쭈가 드리는 여행팁!**

쭈: 시간이 되신다면, 하루 시간을 몽땅 내어서 와우목장에서 목장 체험도 하시고, 노성산 정상에 올라보시면 행복한 주말여행이 되실 거예요!

찬: 연꽃 피었을 때는 저녁 시간에 방문하시면 아름다운 모습을 보실 수 있을 거예요~

# 05

# 메뚜기 사냥꾼이 되어 부래미를 지키자!

## 부래미마을 | 장호원 장 구경 | 나래리 개비석

대한민국 사람이 태어나서 가장 많이 먹는 음식인 쌀밥!

밥맛을 결정하는 것은 세 가지랍니다.

첫 번째는 벼의 품종인데요. 농부가 밤낮으로 부지런히 노력해도 품종이 좋지 않으면 노력은 허사가 된답니다. 두 번째는 벼가 자라는 환경인데요. 품종이 좋아도 흙이 안 좋거나 햇빛이 약하면 맛있는 벼가 자라기 힘들거든요. 세 번째는 시기인데요. 좋은 벼라도 껍질을 벗기고 오래 내버려두면 쌀의 표면이 삭아서 밥에 군내가 나고 맛이 없어진답니다.

이천에서는 자채벼 등 가장 좋은 품종으로 농사를 짓습니다. 또 이천은 안개가 많고 토질도 좋고 일조량도 풍부해서 벼가 잘 자랄 수 있답니다. 게다가 이천의 농협에서는 껍질을 벗긴 지 얼마 되지 않은 쌀만 판매하니, 이천쌀이 세상에서 가장 맛있는 쌀이 맞겠죠?

오늘은 찬쭈와 함께 율면 들판으로 달려가볼까요?

## Chapter 1 메뚜기 사냥꾼, 출전~

어명이요!
지금 가을걷이가 한창인 부래미마을에 메뚜기가 출몰해서 황금 들녘에 시름이 가득하다고 들었다.
메뚜기를 퇴치하기 위해서 전국 각지에 명을 내리니, 메뚜기를 잡아 조선을 살릴 수 있는 용사들은 어서 부래미마을로 모여서 국가를 위기로부터 구하도록 하라. 메뚜기를 잡아 오면 전국 최고의 쌀, 이천쌀을 상으로 내릴 것이다.

쭈: 오! 쌤~ 여기 방이 붙었어요!

찬: 진짜! 메뚜기를 잡아 오면 쌀을 준대요!

최쌤: 너희 메뚜기 잡아봤어? 잘 잡을 수 있겠어?

쭈: 그럼요! 이천쌀을 준다는데 팔 걷어붙이고 잡아야죠!

최쌤: 좋아! 우리 열심히 해서 부래미마을도 살리고 쌀도 받아 보자~

## Chapter 2 부래미마을은요!

부래미마을은 농촌체험마을의 산증인 같은 곳이랍니다. 오랜 역사를 갖고 있지만, 프로그램 하나하나 재밌고 아이디어가 톡톡 튄답니다.

부래미마을에는 대형식당과 숙박시설, 그리고 세미나실까지 완벽하게 준비되어 있으니 단체 행사에도 딱이겠죠? 포도 따기부터 고구마 캐기까지!

찬: 쌤, 전 뻥튀기가 먹고 싶어요!

최쌤: 음, 유찬인 또 배가 고프구나? 하지만 축제 참가자에게 이천쌀로 만든 뻥튀기는 공짜라는 사실! 게다가 전부 무농약 쌀로 만들었단다.

쭈: 쌤, 저는 식혜가 먹고 싶어요~

최쌤: 부래미마을 쌀과 천연재료로만 만든 식혜는 믿을 수 없을 만큼 저렴한 가격으로 판단다. 일단, 메뚜기 잡고 가자! 내가 쏠게!

### 깡통 열차 타기

아이들에게 가장 인기 있는 깡통 열차를 탈 수 있어요.

부래미 도자기 만들기

이천을 방문한다면 도자는 한번쯤 만들어봐야죠

부래미마을에는 예술가 우당 선생님이 부래미에 귀촌해서 지역 발전을 위해 애쓰시는데요. 최고의 작가님께 이천 도자기 만드는 법을 배워보세요~

남혜인 천연염색

부래미마을 안에 귀촌하셔서 천연염색으로 시골을 밝게 밝혀주는 남혜인 선생님과 함께 마음조차 파랗게 염색해보아요.

메뚜기 축제 후기

찬: 쌤, 어째서 이렇게 귀여운 메뚜기를 잡으려고 하는 거죠?

쭈: 귀엽긴 뭐가 귀여워? 무서워!

최쌤: 옛날 풍족하게 살지 못했던 때에는 메뚜기가 뛰어난 단백질 공급원이 되었단다~

쭈: 그럼 먹으려고 잡는 거였어요?

찬: 그것도 있지만, 메뚜기가 벼를 다 갉아 먹잖아요. 그래서 잡는 거죠? 그물로 몽땅 잡아주겠어!

결국, 메뚜기를 아끼던(무서워하던) 쭈 때문에 우리 팀은 꼴찌가 되었답니다!

Chapter 3

# 장호원 장날,
# 메밀꽃 피는 그 장터

이천 남부지역 여행의 백미

이천에 왔다면 마성의 장호원 장 구경을 빼놓을 수 없죠!
왜 마성이냐고요?
그건 바로, 장호원 장에 오게 되면 무언가 안 살 수 없게 되기 때문이죠! 수도권에서 얼마 남지 않은 옛 재래시장의 백미! 장호원 장에 빠져 보아요~

쭈: 근데 쌤, 장호원에는 꼭 오늘 가야 해요?

최쌤: 쭈야~ 장날이라는 게 있단다~ 보통 5일장이라 부르는데, 5일에 한 번씩 열리지. 이천 장날은 2일과 7일로 끝나는 날 열리고, 장호원 장날은 4일과 9일에 열리니까 오늘 온 거지~

쭈: 근데 시골 장이면 냄새가 나지 않나요?

최쌤: 흠~ 냄새가 바로 장날의 핵심이야~ 이미지는 사라져도 향기는 사라지지 않는 법이거든.

옛날 번데기 향마저 그대로 남아 있는 장호원 장에는 없는 게 없단다~

쭈: 진짜 없는 게 없어요? 설마 상어는 없겠죠? 뚜루루뚜루 아기 상어~

최쌤: 글쎄? 한번 찾아볼까?

쭈: 헐! 있어!

최쌤: 봐~ 없는 게 없다고 했지?

없는 게 없는 전통시장의 백미

쭈: 자, 오빠야! 목을 내놓아라!

찬: 거, 장난이 심한 거 아니오?

최쌤: 장날엔 호떡이지!

찬: 쭈야! 왜 호떡이라 부르는지 아니?

쭈: 왜?

찬: 그건, 청나라에서 들어온 떡이라 그래~ 청나라 사람들을 오랑캐라 불렀잖아. 오랑캐의 떡, 그래서 호떡이라 부르는 거지~

# Chapter 4 장호원 나래리 개비석!

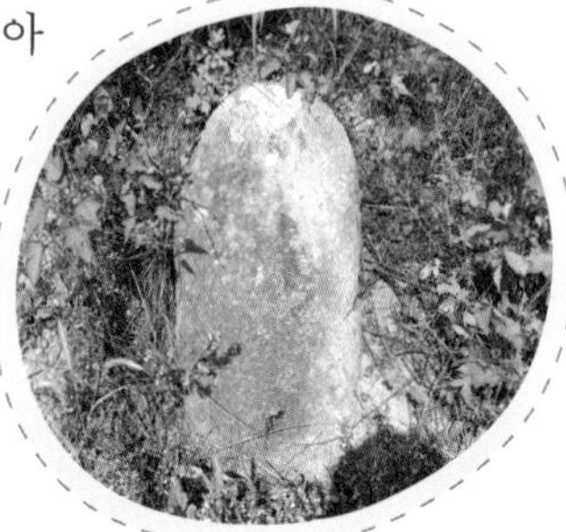

아주 먼 옛날, 장호원 나래리에 개를 아끼는 농부가 살고 있었다고 해요. 농부는 외출할 때도 일을 할 때도 항상 개와 함께 다녔다고 하는데요. 하루는 농부가 힘들게 일한 뒤, 막걸리를 마시고 둑에 누워 쉬다가 잠이 들었답니다. 한창 자고 있는데 저쪽 둑에서부터 불이 번지기 시작했어요. 개는 힘껏 짖었으나 술에 취한 주인은 깨어나지 못했지요. 점점 불길이 다가오자 개는 옆의 도랑에서 온몸에 물을 묻힌 뒤 번져오는 불길에 자신의 몸을 던져 불을 끄기 시작했어요. 한참 뒤, 주인이 잠에서 깨어났을 때 강아지는 검게 그을린 채로 주인의 옆에 쓰러져 있었다고 해요. 개의 죽음을 슬퍼하며 주인은 정성껏 비석을 조각해서 개가 죽은 그 자리에 비석을 뉘어놓았답니다.

쭈: 힝…. 불쌍해.

찬: 강아지는 진짜 여기에 묻혀 있나요?

쭈: 쌤, 비석에 글씨도 없어요.

최쌤: 강아지를 위한 비석이니까 글씨가 필요 없지 않았을까 해. 내가 예언할게! 여기 개비석은 10년 안에 1,000만 애견인의 성지가 될 거야~

## 어떻게 즐길까?

조금만 더 설명해주세요

### 체험시즌은 언제예요?

부래미마을은 다른 농촌체험마을처럼 봄가을이 가장 좋지만, 체험장이 있어서 사계절 내내 방문 가능하답니다~ 장호원 장날은 잊지 마세요! 4일과 9일!

### 함께 걸을 수 있는 곳을 알려주세요

부래미마을은 마을 앞에 커다란 저수지가 있답니다.
장호원 시장 옆에는 청미천이 있습니다. 걷기 참 좋아요!

### 어떻게 가나요?

**부래미마을**: 이천시 율면 금율로640번길177
**장호원시장**: 이천시 장호원읍 장호원리 48-3 일대
**나래리 개비석**: 이천시 장호원읍 나래리 산 31-10

### 함께 방문하면 좋은 곳은?

장호원에 오셨다면 백족산도 걸어보시고요.
가을의 복숭아축제에 맞춰오시면 입이랑 코가 더 즐거워질 거예요~
율면이나 장호원 농협에서 이천쌀 구매도 잊지 마시고요~

**찬쭈가 드리는 여행팁!**

찬 : 장날에 방문할 때는 몸과 마음을 꼭 비우고 가셔야 해요! 왜냐하면, 사고 싶은 게 많아서 짐이 한가득 되고요. 시장 근처에는 곱창전골집과 칼국숫집, 그리고 보리밥집 등 맛집이 즐비하답니다.

쭈 : 나래리 개비석은요. 나래리 논둑에 뉘어 있답니다. 나래리 느티나무 마을 회관 아래 차를 세워두고 천천히 걸어가면 시골 산책의 매력도 느껴보시죠!

# Part 5

# 주말이 행복한 체험여행!

아이들과 공룡 위에 올라
복숭아랑 토마토도 따고
스키도 타고 목장에서 우유도 짜고
천년 백룡 소나무를 지나 도자세상 세라피아로!
우리 함께 떠나보아요~

1 봄, 샛노란 세상! 세상에서 가장 노란 축제!

산수유축제+육괴정+반룡송·백송

2 도도한 복숭아의 달콤한 유혹!

도도한복숭아+오건토마토농장

3 세상에서 가장 행복한 목장체험여행!

와우목장+노성산

4 내 마음속 디노사우르를 만나는 곳!

공룡수목원+자연나라+지산포레스트리조트 스키장

5 도자로 만든 유토피아!

이천세라피아세라믹스창조센터+
설봉역 힐링스테이션+이천불탑불상기행

## 01

# 봄, 샛노란 세상!
# 세상에서 가장 노란 축제!

### 산수유축제 | 육괴정 | 반룡송·백송

산수유꽃은 참 예뻐요!

이른 봄, 산과 들을 노랗게 물들이는 꽃이 바로 산수유꽃인데요.

생김새가 비슷해서 생강나무꽃과 많이 헷갈리지만, 가까이 보면 쉽게 구분할 수 있답니다. 생강나무꽃은 가지에 딱 달라붙어서 피지만, 산수유 꽃자루는 길어서 더 우아하게 보이거든요.

'눈 속에서 따오신 산수유 붉은 알알이…'

산수유 하면 시, 「성탄제」가 떠오르는데요. 고열에 시달리는 아이를 위해 눈을 헤치고 붉은 산수유를 따오신 아버지. 하얀 눈 속의 빨간 산수유 열매, 그리고 아버지의 사랑!

그렇다면 산수유꽃은 어떻게 해서 이천에 전해지게 되었을까요?

궁금하시죠? 여기에도 역사 이야기가 숨어 있답니다.

노란 산수유로 산 전체가 노랗게 물드는 백사면 산수유마을에서 사화를 피해 내려온 사람들의 이야기도 만나보고, 노란 산수유 꽃 속에 우리 함께 풍덩 빠져 볼까요?

Chapter 1

# 조선시대 사화로 만들어진 **노란 물결!**

찬: 당연히 산수유꽃이죠~

쭈: 맞아요! 이천 하면 산수유!

최쌤: 음… 지금 이천을 대표하는 건 맞지만, 원래 산수유꽃은 이천에 자생하지는 않았단다~

찬: 그럼, 누가 가져왔어요?

최쌤: 역사 좋아하는 찬은 알고 있을 줄 알았더니~ 너희 사화가 뭔지 알지?

쭈: 만화 3화, 4화, 5화 할 때 그 4화는 아니죠?

찬: 아… 초등학생이 아재개그를 하냐?
사화는 사림 양반이 개혁하려다 오히려 훈구파에게 공격을 당해 화를 당한 사건이죠?

최쌤: 역시 찬! 빙고!

1519년 기묘사화 시절, 조광조가 사약을 받고 그 제자들이 이곳 이천으로 낙향하게 되는데 그때 이 산수유나무를 가져왔다고 해~

쭈: 낙향이 뭐에요?

찬: 시골로 내려온단 거야~

최쌤: 예쁜 산수유꽃도 역사와 연관되어 있지? 이렇게 우리가 누리는 자연환경 역시 우리 인간과 연결되어 있단다. 자, 우리 모두 예쁜 산수유꽃도 즐기고 역사의 향기도 함께 느껴보자~

Chapter 2

# 산수유축제는요!

## 가장 먼저 들판을 깨우는 꽃

산수유축제는 매년 3월 말, 산수유꽃이 활짝 피었을 때 열리는, 이천을 대표하는 봄 축제랍니다.

백사면 도립리, 송말리, 경사리 일대에서 개최되는 산수유축제는 잿빛 가득했던 겨울에서 깨어나 백사면 일대를 노랗게 수놓는 꽃의 대잔치라고 할 수 있죠.

무려 2만여 그루의 산수유나무가 꽃 피는 3월 말이면 온 산과 들녘이 노란 파스텔 물감을 부어놓은 것처럼 노랗게 변한답니다.

노란 산수유 꽃은 마음 닫힌 이성 친구의 마음도, 서먹했던 가족의 마음도 활짝 열리게 만든답니다!

## 산수유 연인의 길

쭈: 산수유꽃길을 걸으니 왠지 오빠랑 친해지는 것 같아~

찬: 사진 찍고 멀리 떨어져라, 쭈!

최쌤: 그나저나, 너희 무슨 사진 찍니?

찬: 친해 보이는 사진이요!

축제의 꽃은 산수유 시식!

찬: 와~ 저기 무슨 시식한다

쭈: 산수유 홍삼이랑 산수유 식초면 무지 쓰고 신 거 아냐?

찬: 공짜면 돌도 씹어 먹어야 하는 거 몰라? 유명한 홍삼에 몸에 좋은 산수유까지 있다는데 무조건 먹자!

쭈: 아, 써!

최쌤: 와~ 진짜 공짜면 다 먹는구나! 근데 얘들아, 생각보다 맛있지?

산수유축제의 그네공주

쭈: 저기 그네 큰 거 있다~ 내가 이래 봬도 그네 공주라고~ 오빠 세게 밀어줘!

찬: 좋아! 어디 한번~

쭈: 끼약! 너무 무서워~

Chapter 3

# 여섯 선비의 『데카메론』 육괴정

### 여섯 선비의 우정

최쌤: 얘들아, 『데카메론』이라는 책 들어봤니? 중세 유럽에서 2,500만 명이나 흑사병으로 죽었는데, 흑사병을 피해 성에 모인 남녀가 서로 재밌는 이야기를 나누며 시간을 보낸다는 내용이지. 여기 육괴정이 바로 『데카메론』 속 장소라 할 수 있단다.

### 여섯 느티나무 정자, 육괴정

조선시대 중종 임금 시절, 기득권 훈구세력은 개혁 정책을 펴던 조광조와 그 일파를 죽이게 되는데 이를 무오사화라고 부른답니다. 조광조의 제자 엄용순은 화를 피해 이천으로 낙향할 수밖에 없었다고 해요. 그는 낙향한 도립리에 특별한 정자를 하나 짓고, 사화를 피해 내려온 다른 친구들과 정자에서 시화를 논하고 시국에 관해 이야기 나누었답니다.

친구 여섯은 우의를 다지는 의미로 정자 인근에 느티나무를 하나씩 심었다고 하는데요. 그래서 이곳을 여섯 그루의 느티나무가 있는 정자라는 뜻의 '육괴정'이라 이름을 붙였다고 해요.

# Chapter 4 이천의 천연기념물 듀오! 반룡송·백송

### 용의 기운 서린 소나무 '반룡송'

최쌤: 이천에는 평범하지 않은 천연기념물이 둘 있는데, 첫 번째가 바로 반룡송이야~

쭈: '반뇽송'이요? 이름이 왜 이렇게 발음이 어려워요?

최쌤: 읽을 때는 반뇽송이지만 쓸 때는 반룡송이라 하지~

찬: 근데 왜 이름이 반룡송인 거에요? 용이 반으로 나뉘었나요?

최쌤: 오! 그래 거의 맞혔어. 보통 반송이라고 하면 옆으로 퍼진 소나무를 말하는데, 반룡송의 반룡(蟠龍)은 용이 서려 있다는 의미이고, 송은 소나무니까 '용이 땅에 서려 있는 소나무' 정도로 해석하면 될 것 같아~

찬: 그럼, 땅에서 하늘로 승천하는 소나무란 말씀이네요~

최쌤: 천연기념물 381호로 신라 말 도선대사는 전국을 돌며 풍수의 길지에 소나무를 손수 심었다고 해. 함흥과 서울, 계룡산, 강원도와 각각 한 그루씩 다섯 그루를 심었다고 하는데, 이곳 반룡송도 그 중 하나라고 전해진단다.

하얀 소나무 '백송'

최쌤: 자, 다음은 옆 동네 백송으로 가보자~

쭈: 백송이 뭐에요?

찬: 백송이라 하면, 한자 그대로 하얀 소나무인가요?

최쌤: 빙고! 백송은 원래 우리나라에 없었는데, 조선후기에 중국에 사신으로 다녀오는 사람들이 몰래 들여왔다고 해.

찬: 와~ 진짜 아래에서 보니깐 하얗고 통통한 멸치를 보는 것 같아요~ 정말 신기해요!

최쌤: 너는 맨날 먹는 거랑 비교하냐~

천연기념물 253호. 조선시대 전라감사 민정식이 할아버지 무덤에 심은 것으로 추정하기도 해요. 예전엔 껍질이 약이 된다 하여 수난을 당하기도 했답니다.

## 어떻게 즐길까?

조금만 더 설명해주세요

### 체험시즌은 언제예요?

산수유꽃은 3월 말에 활짝 핀답니다.
보통 3월 말에 축제가 열리는데요. 일정은 미리 확인 바랄게요~

### 산수유가 몸에 좋다는데, 이천 산수유 제품은 어디서 구매할 수 있나요?

산수유마을의 산수유사랑채와
이천로컬푸드직매장에서 가능합니다~

### 어떻게 가나요?

**산수유축제장**: 이천시 백사면 원적로775번길 17-1 일대
**반룡송 주차장**: 이천시 백사면 도립리 224-9
**백송(신대리 마을회관)**: 이천시 백사면 원적로568번길 204

### 함께 방문하면 좋은 곳은?

일정이 맞는다면 두산베어스파크에서 2군 야구 경기 관람을 추천합니다~
산수유 둘레길도 꼭 걸어보시고요~

**찬쭈가 드리는 여행팁!**

쭈 : 저는 산수유축제가 열리는 봄에 산수유마을에 가는 것도 좋은데요.
열매가 빨갛게 익은 가을과 겨울의 산수유마을도 참 좋아요!

찬 : 아, 산수유마을 입구에서는 천연효모를 이용한 빵을 파는데요.
진짜 자연 그대로의 맛이에요.

## 02

# 도도한 복숭아의 달콤한 유혹!

### 도도한복숭아 | 오건토마토농장

예로부터 복숭아는 기이한 소재로 활용되었답니다. 영화 〈전우치전〉 속에서도 전우치 역할인 강동원이 무적 요괴를 퇴치할 때, 요괴의 옆구리에 복숭아 가지를 찔러 물리쳤잖아요. 아직 못 보셨다고요?

어쨌든 예전에는 복숭아나무가 귀신을 쫓는 주술 도구로 실제 활용되기도 했어요. 고려시대에는 제사상에 복숭아나무로 만든 화살을 문 안에 두었고, 복숭아 나뭇가지로 빗자루를 만들어 잡귀를 몰아내고 새해를 맞는 풍속까지 있었다고 하네요. 우리나라에서 오래전부터 복숭아를 재배했지만, 제사상에 올리지 않는 것도 같은 이유라고 하네요.

또 옛이야기 속에서 이상향을 복숭아꽃 만발한 무릉도원이라 부르기도 했는데요. 몽환적인 꽃과 달콤한 과육이 천국 같아서였을까요?

이천의 복숭아는 조금 더 특별하답니다. 왜냐하면, 토질, 수질, 기후가 작물이 자라기에 완벽하기 때문입니다. 흙에는 영양이 풍부한 데다 물 빠짐이 좋고 홍수도 거의 없어서 열매에 영양분과 맛이 농축되어 더 특별하답니다.

이천에서 복숭아도 먹고, 각종 복숭아 체험도 하면서 복숭아에 담긴 옛이야기를 아이들과 함께 나눠보는 건 어떨까요?

Chapter 1

# 단백질이 풍부한 복숭아?

최쌤: 자, 문제 나갑니다~

쭈: 쉬운 거로 내주세요! 아니면 넌센스 퀴즈요!

찬: 퀴즈 하면 저 유찬이가 아니겠습니까! 거의 멘사클럽 수준의 지능으로 맞혀드릴게요~

최쌤: 찬아, 맨살클럽이라고? 맨살 보인다. 얼른 배 가려라.

쭈: 아, 쌤! 아재개그!

최쌤: 자, 문제! 이 과일은 밤에 불 끄고 먹습니다~ 피부에도 아주 좋고요!

찬: 복숭아잖아요! 저도 그 정도는 알아요!

쭈: 쌤, 피부에 좋은 건 알겠는데 왜 밤에 먹어요?

최쌤: 단백질 섭취를 위해서지~

찬: 단백질이요? 과일은 당분이랑 비타민으로 이뤄진 거 아닌가요?

최쌤: 복숭아는 열매가 너무 달고 물러서 벌레가 생기기 쉽거든. 상처 난 복숭아에는 거의 벌레가 있다고 봐야지~ 예로부터 벌레가 많아서 골라내다 보면 먹기 힘드니 밤에 먹게 하는 거지~

찬: 헐, 말씀하신 단백질이 벌레를 말하는 건가요?

최쌤: 어라? 쭈 너가 먹는 복숭아에도 벌레!

쭈: 끼약!

Chapter 2

# 도도한 복숭아의 달콤한 유혹!

'도도한복숭아'의 시작

최쌤: 언제부터 복숭아농장을 하셨나요?

농장사장님: 함경도가 고향인 아버님께서 6·25전쟁 전에 남쪽으로 내려오셨어요. 고향을 갈 수 없던 아버님께서 자식들에게 고향을 물려주려고 이곳 땅을 마련하고 칠성농원을 만드셨더랬죠.

최쌤: 그럼 사장님 부부는 언제부터 복숭아 농사를 지으셨나요?

농장사장님: 2001년 서울살이에 지친 우리 부부가 이곳에 귀농해서 복숭아를 재배하고 있는데요. 사실 제가 종이공예 강사를 하면서 아이들을 가르쳤거든요. 아이랑 함께하는 시간이 정말 행복해서 이곳에서도 아이들을 대상으로 하는 복숭아 체험을 개발해서 즐겁게 지내고 있답니다~

최쌤: 그럼, 칠성농원만의 장점이 있을까요?

농장사장님: 이천의 다른 농가들처럼 저희 역시 제초제를 사용하지 않고요. 복숭아에 봉지를 씌우지 않고 재배하고 있어요. 미생물을 이용하기도 하고, 차분한 음악을 들려주어 좋은 환경에서 복숭아가 자랄 수 있도록 한답니다~

도도한 복숭아? 풋풋한 복숭아!

최쌤: 참, 칠성농원만의 특별한 제품이 있다고 들었는데요. 잠시 말씀해주실 수 있을까요?

농장사장님: 네~ 복숭아 농사를 지으면서 가장 안타까운 건 바람 불고 비 올 때 떨어지는 과수들과 솎아내기하며 버리는 과실들인데요, 이 과실들을 재료로 한 '풋풋한복숭아'라는 과즙음료를 개발해서 판매하고 있습니다. 진짜 많이 공부하고 실패도 하면서 만든 제품이라 애착이 많이 갑니다. 그리고 '도도한생복숭아즙'도 만들어서 판매하고 있고요.

최쌤: 와! 진짜 도도한복숭아 칠성농원이 6차산업의 선두주자시네요. 응원합니다!

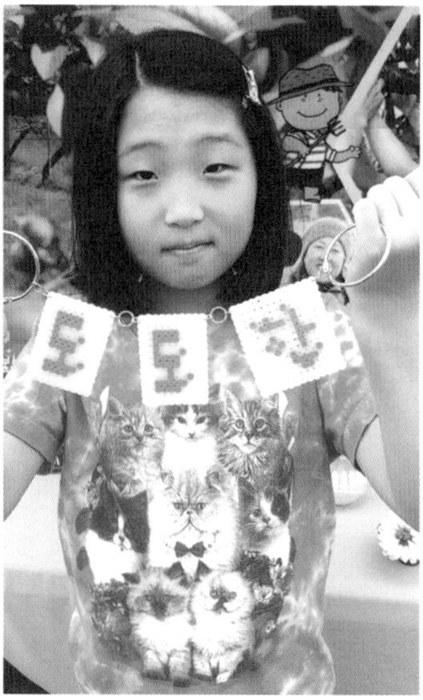

Chapter 3

# 아이들과 함께 **복숭아 체험!**

최쌤: 자, 찬쭈! 우리 함께 복숭아체험을 해볼까?

농장사장님: 일단 복숭아가 있어야겠죠? 복숭아는 한꺼번에 많이 구매하면 상하기도 하잖아요. 그럴 때는 얼려서 보관하고, 필요할 때마다 이렇게 사용하면 됩니다~

복숭아 빙수를 만들어볼게요!

① 찰밥을 지퍼백이 터지지 않게 조물조물해보세요. 떡처럼 될 때까지요. 그 안에 미숫가루를 넣고 한 번 더 조물조물 뭉친 다음 먹기 좋은 크기로 잘라놓을게요~

② 단팥묵을 빵칼을 사용해서 먹기 좋은 크기로 자릅니다.

③ 복숭아를 먹기 좋은 크기로 껍질째 자릅니다~ 조금씩 먹으면서 해도 돼요~

④ 그다음은 빙수 그릇에 얼려있는 복숭아 과즙을 방망이로 두드려 슬러시처럼 만드는 거예요~

⑤ 슬러시 위에 만들어 놓은 토핑을 예쁘게 담아보세요.

⑥ 토핑까지 다 담았다면, 마지막으로 복숭아잼을 휘리릭 뿌려주면 완성~

Bonus Chapter

## 장호원 복숭아의 백미 풍원농원

다른 느낌의 복숭아 농장도 소개합니다. 장호원 풍원농원은 복숭아잼과 복숭아청으로 유명하고요. 다양한 가공품으로 유명하답니다. 아, 복숭아 따기 체험도 인기 있답니다!

Chapter 4

# 사계절 향긋한 토마토 내음! 오건토마토농장!

건강에 좋은 토마토

최쌤: 야, 맨살클럽! 인간의 코가 왜 긴 줄 아니?

찬: 아, 자꾸 놀리지 마세요! 근데 코는 왜 길어요?

최쌤: 겨울에 차가운 공기가 코를 지나면서 따뜻해지거든, 그러면 폐에 추위로 인한 충격이 줄어들지. 뜨겁거나 차가운 음식이 입과 식도를 지나면서 체온과 비슷해지는 원리랑 같아~

찬: 그럼 쌤, 우리 쭈는 감기에 잘 걸리겠는데요?

쭈: 왜 오빠? 내가 연약해서?

찬: 아니, 너는 코가 낮으니까?

쭈: 오빠, 진짜 이럴 거야! 엄마한테 이른다!

최쌤: 자자, 그만하고. 내가 왜 이 문제를 냈을까?

쭈: 감기 체험을 하러 가나요?

최쌤: 감기에 가장 좋은 식물이 뭔 줄 아니?

찬: 엄마가 그러셨는데, 감기에는 배랑 도라지, 토마토가 좋대요.

오건토마토농장은요!

최쌤: 토마토의 가장 큰 매력은 향기인 것 같아요. 갓 딴 열매의 향은 정말 심장을 두근거리게 해요.

농장사장님: 그쵸? 저희도 온실에 들어올 때 토마토 향에 한 번씩 취한답니다.

쭈: 그럼 향기는 토마토에서 나는 거예요?

찬: 그럼 당연하지. 고구마에서 나겠냐?

농장사장님: 아, 사실 향기는 줄기와 잎에서 나는 거예요. 줄기와 잎은 토마토 열매보다 더 진한 토마토 향이 나거든요~

쭈: 거봐 오빠!

최쌤: 그런데 언제부터 토마토농장을 하시게 됐어요?

농장사장님: 제가 남편을 졸라서 귀촌하게 되었어요. 토마토 향을 맡고 있으면 정말 기분이 좋거든요. 거기에 토마토를 따는 아이들의 표정을 보면, 세상에 그런 행복은 없는 것 같아요~ 그래서 시작하게 되었답니다~

쭈: 와~ 토마토가 엄청 단단해서 맛있어요~

Bonus Chapter

LG챔피언스파크

LG챔피언스파크는 LG트윈스 야구단의 훈련장인데요. 시내와 하이닉스와 가까워서 주말 경기마다 사람들이 북적인답니다. 게다가 LG트윈스 선수들 사인도 받을 수 있고요. 주말 경기를 가족과 함께 보는 재미도 쏠쏠! 아, 입장료는 무료라는 사실!

## 어떻게 즐길까?

조금만 더 설명해주세요

### 체험시즌은 언제예요?

복숭아를 수확하는 시기는 여름~가을이지만, 사전예약 하시면 언제든 체험할 수 있답니다. 오건토마토농장은 유리온실이라 사계절 방문이 가능하지만, 미리 연락하세요~ 검색하면 더 많은 업체를 만날 수 있답니다.

### 복숭아의 좋은 점을 알려주세요!

복숭아는 비타민이 풍부하고, 체내 니코틴을 배출해주며 멜라닌 생성도 막아줍니다.

### 어떻게 가나요?

**칠성농원**: 이천시 대월면 대월로373번길 250
**풍원농원**: 이천시 장호원읍 방추리 89
**오건토마토농장**: 이천시 모가면 대월로261번길 86-40
**LG챔피언스파크**: 이천시 대월면 부필리 386-7

### 함께 방문하면 좋은 곳은?

오건토마토농장과 가까운 곳에 자채방아마을과 도니울마을이 있답니다. 농촌체험 마을도 함께 방문해보세요~

**찬쭈가 드리는 여행팁!**

찬 : LG트윈스 홈페이지에 2군 경기 일정이 나와 있어요. 확인하고 LG챔피언스파크에 방문해보세요~

쭈 : 근데, 마침 우리가 방문했을 때는 비가 와서 취소되었어요. 그래서 최쌤이랑 오빠랑 야구놀이만 하다가 왔답니다~

## 03

# 세상에서 가장 행복한 목장체험여행!

### 노성산 | 와우목장

많은 볼거리 가운데 노성산의 가장 큰 매력은 정상에서의 풍경이 아닐까요? 이천과 안성, 여주의 들녘이 한눈에 들어오는 정상의 풍경은 가슴을 트이게 하는데요. 계절마다 바뀌는 이천 들녘의 모습과 멀리 충청도와 강원도까지, 사시사철 언제든 시원한 풍광을 볼 수 있답니다. 끝없이 펼쳐진 만주벌판을 처음 만난 연암 박지원은 형용할 수 없는 감동을 '울음 한 번 울 만한 자리'라 말했는데, 노성산 정상 역시 '울음터'로 불릴 만하지 않을까요?

아이와 함께 이야기도 하며, 다양한 볼거리와 함께 풍경 좋은 산을 걷고 싶다면 특히 추천합니다. 노성산은 전설 가득한 스님 이야기부터 기이한 형상의 바위, 놀라운 절벽 바위와 색다른 등산로를 포함해서 모든 것을 갖춘 산이기 때문이죠. 오늘은 찬쭈와 함께 떠나보겠습니다~

Chapter 1

# 노스님의 전설이 숨 쉬는 산

옛날 노성산에는 노스님이 살고 있었답니다. 스님은 노성산 어느 바위 아래서 지내셨다고 해요. 한번은 심각한 기근이 닥쳐서 사람들이 굶어 죽었는데, 스님은 매일 탁발을 해서 사람들을 먹여 살리셨다고 해요. 그러던 폭설이 내리던 겨울 어느 날, 스님은 걷던 모습 그대로 돌아가셨다고 해요. 사람들은 노스님을 기리기 위해 '노스님 산'이라는 의미의 '노승산'이라고 부르기 시작했답니다.

쭈: 쌤, 그럼 스님은 산에서 살았던 거예요?

최쌤: 그래. 지금도 스님이 살던 바위가 있단다. 정확히 말하면 바위그늘이라고 하는데, 그곳에서 오래 사셨다고 해.

찬: 아! 구석기시대 사람들이 막집과 바위그늘에서 살았다고 배웠는데요. 그 바위그늘이군요! 실제 본 적은 없는데, 빨리 가보고 싶어요~

최쌤: 그래! 오늘은 노성산이다!

Chapter 2

# 노성산은요!

노성산 말머리 바위

다양한 전설을 간직한 노성산은요. 해발 310미터의 낮은 산이랍니다. 하지만 굴바위부터 병풍바위, 말머리바위까지 기암괴석이 곳곳에 펼쳐져 있답니다. 또한, 안성부터 이천까지 탁 트인 정상은 근방 최고의 전망을 보장합니다~

또한 말머리 바위에도 전설이 있는데요. 아주 먼 옛날 노성산, 마국산, 설성산에 힘센 장수 셋이 있었답니다. 어느 날 이 근방에 용맹한 말 한 마리가 나타났고, 세 산의 장수들이 서로 말을 차지하려고 다툼을 벌였다고 해요. 결국, 노성산 장수가 말의 머리를, 마국산 장수는 몸통을, 설성산 장수는 꼬리를 갖게 되었는데요. 노성산 중턱의 말머리 바위가 바로 노성산 장수가 가져온 말의 머리라고 해요~ 믿거나 말거나 말이죠!

노스님의 바위그늘

왼쪽으로 오르면 완만하게 오를 수 있고, 오른쪽은 병풍바위부터 노스님의 바위까지, 약간 험하지만 아기자기하게 볼 것이 많은 코스입니다. 더 끌리는 곳으로 선택해 산을 올라보세요.

노스님의 바위그늘 지나 병풍바위 코스

최쌤: 쭈야. 여기가 병풍바위야. 이 코스 재밌지?

쭈: 우우! 너무 힘들어요!

경기 남부 최고의 전망

최쌤: 드디어 정상이다! 높은 산은 아니지만, 노성산 정상 같은 풍경은 어디에서도 볼 수 없지~

쭈: 야호!

Chapter 3

# 아이들과 함께 **와우목장!**

찬: 근데 쭈야. 젖소들은 참 겸손한 거 알아?

쭈: 어머, 왜?

찬: 맨날 졌대~ 내가 젖소~

쭈: 아웅! 내가 말을 말자!

찬: 그건 그렇고, 와우목장이 다른 목장과 다른 점은 무언가요?

최쌤: 오~ 날카로운 질문이네~

목장대표님: 우리 와우목장은요. 단위면적당 적은 수의 소만 기르고 있습니다. 이게 가장 중요한데요. 그래야 쾌적한 상태에서 젖소를 기를 수 있답니다.

쭈: 와우목장에서는 어떤 체험을 할 수 있어요?

목장대표님: 네, 이제 곧 체험해볼 텐데요. 소에게 풀과 우유도 주고, 젖도 짜고, 직접 짠 젖으로 아이스크림도 만들어 볼 거예요~

찬: 그럼 와우목장에서는 체험만 할 수 있나요?

목장대표님: 와우목장은 노성산의 좋은 자연 속에서 최고 품질의 우유를 생산해서 판매도 하고요. 브랜드화된 다양한 유제품도 만나볼 수 있답니다.

# Chapter 4 풀 주소? 젖 짜소!

'풀 주소', '우유 주소', '젖 짜소' 등 이름만큼이나 재밌는 표지판을 시작으로 와우목장의 체험이 시작됩니다.

풀 주소

최쌤: 자~ 우리 소에게 풀 주러 가자!

쭈: 와~ 진짜 잘 먹어요!

최쌤: 조심해야 해! 그렇게 가까이 가면 큰일 나~

쭈: 소가 머리로 박기라도 하나요?

최쌤: 뿔로 머리를 박는 게 아니라, 소가 혀로 네 머리를 핥으면 그 상태로 머리가 고정되어버린단다. 헤어젤보다 강해~

찬: 쌤, 진짜요?

최쌤: 찬이가 직접 해볼래?

찬: 오우~ 노!

우유 주소

최쌤: 원래 송아지가 크면 우유를 주지 않아. 소화가 잘 안 되거든. 하지만 이렇게 어린 소들은 우유를 먹지~

쭈: 쌤! 송아지가 젖을 너무 세게 빨아요!

최쌤: 쭈야, 너무 많이 주지 마~

찬: 왜요 쌤?

최쌤: 많이 먹으면 방귀를 뀔 거 아니니~ 소가 뀌는 방귀랑 트림의 주성분인 메테인은 지구온난화를 일으키는 온실기체거든~

쭈: 에이~

젖 짜소

찬: 쌤, 저 진짜 소젖 짜고 싶었어요~ 그 영화에서 젖 짜는 거 보면 되게 신기했거든요!

쭈: 나도! 나도 한번 해보고 싶었어~

아이스크림 만들기

최쌤: 자자~ 얼음 그릇 보이지? 얼음 속에 우유를 부은 후 초콜릿을 넣고 저어주면 초코 아이스크림이 된단다~

찬: 쌤? 진짜요? 제가 해보겠습니다~

쭈: 오빤 먹을 때만 동작이 빠르더라.

찬: 근데 쌤, 얼음 위에 있다고 우유가 어떻게 금방 아이스크림이 돼요?

최쌤: 오~ 좋은 질문! 얼음에 소금을 넣으면 순식간에 온도가 떨어지기 때문에 금방 얼릴 수 있는 거야.

피자 만들기

쭈: 쌤, 우리가 만든 치즈로 피자를 만드니 훨씬 맛있을 것 같아요!

## 어떻게 즐길까?

조금만 더 설명해주세요

### 체험시즌은 언제예요?

와우목장은 봄~가을까지 체험을 진행한답니다.
미리 확인 후 방문 바랄게요.

### 노성산이 유명한 이유가 또 있다면서요?

노성산 병풍바위 인근에는 멸종위기종 고란초가 자생한답니다.
조심 또 조심히 다녀야 해요.

### 어떻게 가나요?

**와우목장**: 이천시 설성면 진상미로665번길 95-14
**노성산 주차장**: 이천시 설성면 진상미로665번길 238-7

### 함께 방문하면 좋은 곳은?

와우목장 인근에 우무실마을이 있고요.
여름에는 성호호수 연꽃단지를 추천합니다~

**찬쭈가 드리는 여행팁!**

찬 : 농촌체험을 해보고 싶다면 근처 우무실마을을 추천하고요~
슬로푸드 체험을 원하면 서경들마을도 좋습니다~

쭈 : 노성산은 절 쪽에서 올라가서 한 바퀴 돌아 나오는 코스가 제일 걷기 좋아요~

## 04

# 내 마음속 디노사우르를 만나는 곳!

### 공룡수목원 | 자연나라 | 지산포레스트리조트 스키장

언제부터 어른이 되었다고 할 수 있을까요?

산타클로스 할아버지의 정체를 눈치 채고부터라고 말하는 사람도 있지만, 저는 좀 다르게 생각해요.

혹시, 만화 〈아기공룡 둘리〉를 아시나요?

아주 먼 옛날 엄마 공룡과 행복하게 살던 아기공룡 둘리는 외계인에게 잡혀서 초능력을 얻게 되었답니다. 둘리는 다시 지구로 돌아왔지만, 지구에는 빙하기가 찾아오게 되었어요. 둘리는 순식간에 얼음 속에 갇혔고, 시간이 많이 흘러 어찌어찌 서울 고길동 아저씨 집에 살게 되었답니다. 이때부터 둘리 친구들과 고길동 아저씨의 갈등이 시작되는데요. 고길동 아저씨는 어떻게 해서든 둘리를 내쫓고 싶어 했고, 둘리와 친구들은 고길동 아저씨네 집에서 살아가려고 했더랬죠.

저도 어릴 때 아기공룡 둘리를 무척 좋아했답니다. 둘리와 또치, 그리고 도우너를 싫어하는 고길동 아저씨가 이해되지 않았답니다. 근데 무슨 일이 일어났던 걸까요? 어느 순간 고길동 아저씨가 불쌍해지더군요. 평안하게 살아가는 아저씨 집에 들어와서 말썽을 부리는 둘리 친구들이 얄밉게 느껴지기 시작한 거죠. 그새 어른이 되었나 봐요.

이천 덕평공룡수목원에서는 아이들과 함께, 아기공룡들과 신나게 뛰어놀 수 있답니다.

Chapter 1

# 숲은 '자연의 책'

최쌤: 너희들 책 안 좋아하지?

찬: 쭈는 안 좋아해도 저는 좋아해요!

쭈: 오빠 웃긴다~ 쌤, 저도 책 읽는 거 좋아해요!

쭈: 근데 왜 공룡수목원에 가는데 책 이야기인가요?

최쌤: 책이 사람의 것이라면, 숲은 자연의 책이라 할 수 있어~ 숲에서는 자연의 고마움을 느낄 수 있고 모두 함께 살아간다는 교훈도 얻을 수 있거든.

우리 함께 공룡수목원에 가서 자연의 책 속에 풍덩 빠져 보자!

쭈: 오~ 저기 열차가 있어요! 열차 타고 우리 공룡세계로 떠나요~

Chapter 2

# 공룡수목원은요!

자연과 공룡, 그리고 아이들과의 교감

공룡수목원은 아이들이 마음껏 뛰어놀 수 있는 곳인데요. 동맥이 산을 훼손하지 않고 자연 그대로 만들었어요. 여기에 다양한 식물도 심고 공룡을 주제로 재밌는 조형물을 설치해서 아이들이 즐겁게 뛰어놀 수 있답니다~

최쌤: 미국의 해양학자인 레이첼 카슨은 자연을 생명이라 생각하고 대하라고 했어~ 사람과 같이 감정을 공유할 때 진짜 자연과 교감하게 되는 거지.

쭈: 쌤, 뭘 어떻게 하라고요? 말이 어려워요~

찬: 오빠처럼 그냥 알아듣는 척해~

쭈: 크롱~

공룡 VS 찬과 쭈의 대결!

쭈: 오~ 이게 말로만 듣던 공룡 빵이구~

찬: 쭈야, 우리가 공룡빵 먹는다고 뒤에 있는 공룡이 때리려는 것 같다ㅋㅋ

쭈: 오빠 이 공룡은 머리가 이상해~

찬: 쭈야, 이 공룡은 파키케팔로사우루스란다~ 머리뼈가 너처럼 두꺼워서 머리로 주로 공격을 하지~

쭈: 뭐야? 나 또 놀리는 거지? 오빠 나랑 대결이다!

찬: 좋아! 받아주지~

범바위 동굴 가는 길

찬: 쭈야, 이제 싸우지 말자~

최쌤: 얘들아 그쪽은 범바위동굴 쪽이야! 호랑이가 살고 있어서 위험해!

쭈: 어머, 진짜요?

최쌤: 일제강점기까지는 살고 있었단다~

공룡테마전시관

쭈: 많이 보던 공룡의 화석이다!

최쌤: 티라노사우루스 화석이구나~

찬: 이게 그 난폭한 티라노사우루스라고요? 자, 그렇다면 내가 상대해주지! 덤벼라~

열대동물원, 식물원 온실

공룡수목원에서는 여느 동물원과 식물원에서는 보기 힘든 신기한 생물들을 관찰할 수 있답니다.

Chapter 3

# 꿈과 희망을 심어주는 청소년 수련원, 자연나라

공룡수목원에서 멀지 않은 곳에 청소년 수련원인 자연나라를 만날 수 있답니다. 2만 8천 평의 넓은 자연 속에서 수백 명이 동시에 체험을 할 수 있는 신개념 수련원에 여러분을 초대합니다!
쭈: 자연나라의 프로그램을 소개할게요~ 봄 여름 가을 프로그램이 준비되어 있는데요. 가을 프로그램을 안내해드릴게요~

인성 코스

다육식물 화분 만들기, 희귀 반려동물 체험하기, 가을 숲 체험하기, 사계절 튜브썰매 타기

자연 코스

장수풍뎅이 애벌레 관찰과 분양, 숲 체험과 지렁이 이야기, 화덕피자 만들기, 튜브썰매 타기

창의 코스

오토마타 만들기, 화덕피자 만들기, 숲속 챌린지

모험 코스

천연화장품만들기 체험, 가을 숲 체험, 숲속 챌린지, 스카이칩

Chapter 4

# 찬쭈, 이놈의 스키!
# 지산포레스트리조트 스키장

이천 마장면에 있는 스키장으로 덕평 나들목에서 가까워서 수도권의 스키어가 특히 많이 찾는 곳입니다.다이내믹한 코스와 함께 밤이면 동화 속 한 장면 같은 환상적인 장면을 연출해서, 가족이나 연인과 함께 즐기기 참 좋은 곳입니다.

최쌤: 쭈야, 스키 타본 적 있니?
쭈: 아니요? 없는데요?
최쌤: 스키를 신었으면 무얼 먼저 해야 하는 줄 아니?
쭈: 뭔데요?
최쌤: 바로, 제대로 넘어지는 거지! 이얍!
쭈: 끼약, 말도 없이 밀면 어떡해요?

쭈: 잉? 근데 쌤! 스키장 소개는 벌써 끝이에요?
최쌤: 워낙 유명한 곳이니 간단하게 소개하고 끝내자~

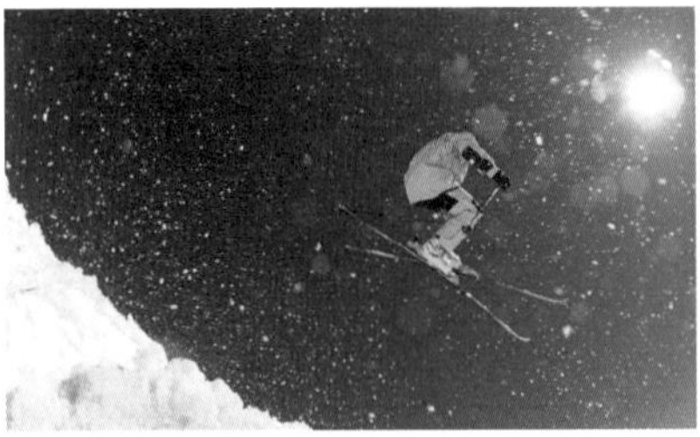

## 어떻게 즐길까?

조금만 더 설명해주세요

### 체험시즌은 언제예요?

공룡수목원은 매일 오전 9시부터 오후 6시까지 운영합니다~
지산포레스트리조트 스키장은 기상여건에 따라 다르니
홈페이지 공지를 참고 바랄게요~

### 특별한 이벤트가 있나요?

공룡수목원에는 어린이날을 포함한 5월과 가을에
아이들을 위한 이벤트가 열린답니다.

### 어떻게 가나요?

**덕평공룡수목원**: 이천시 마장면 작촌로 282
**지산포레스트리조트 스키장**: 이천시 마장면 해월리 247-1

### 함께 방문하면 좋은 곳은?

근처에 천연염색을 체험할 수 있는 쪽빛나라가 있고요.
당나귀체험이 가능한 동키동산도 있답니다. 함께 방문해보세요~

**찬쭈가 드리는 여행팁!**

찬 : 공룡수목원에 오기 전에 공룡 책을 읽고 오면 훨씬 더 즐거워진답니다~

쭈 : 스키장 가는 길에 시골서점인 '오월의 푸른하늘'이 있어요.
책 싫어하는 사람도 책이 술술 읽힌답니다.

## 05

# 도자로 만든 유토피아!

### 이천세라피아세라믹스창조센터
### 설봉역 힐링스테이션 | 이천불탑불상기행

설봉공원 입구에 들어서면 커다란 전통 도자 가마를 만날 수 있답니다. 축제 기간이나 대보름, 또는 새해 첫해가 뜨는 날처럼 특별한 날에는 이곳 도자 가마터에서 도자기를 굽는 모습을 볼 수 있는데요. 도자에 관심이 많거나 특별한 추억을 원하는 사람들은 도자 가마 옆에 앉아 밤을 새우면서 이야기를 나누기도 한답니다. 전기와 가스 가마가 보급되면서 전통 장작 가마가 많이 사라졌는데요. 설봉공원 장작 가마에서의 시간은 충분히 색다른 추억이 될 수 있겠죠?

장작 가마터에서 조금만 오르면 곰방대 가마 조형물을 만날 수 있는데요. 곰방대 가마는 장작 가마 모양으로 만든 전시실입니다. 장작불이 타오르듯 전시실 아래쪽에서 위로 오르면서 감상하고 나오면, 드디어 이천세라피아세라믹스창조센터를 만날 수 있답니다.

세라피아는 한국도자재단에서 운영하는 우리나라 최대의 도자체험 박물관인데요. 창조센터에서는 아이들이 도자 체험도 할 수 있고, 세계 도자 명장의 명품 도자와 젊은 작가의 감성 가득한 작품까지 감상할 수 있답니다.

나에게서
너에게로

Chapter 1

# 이곳은 세계 최고의 **도자세상!**

찬: 최쌤! 이천은 왜 도자가 유명한지 다시 설명해주세요.

최쌤: 옛날엔 도자 산업이 발전하려면 몇 가지 요소가 맞아떨어져야 했단다~

첫째로 도자를 만드는 흙이 좋아야 했고, 나무가 많아서 도자를 굽는 장작을 감당할 수 있어야 했고, 시장과 가까워서 운반이 편해야 했지. 그러니 이천 설봉산과 신둔면 인근이 가장 적합했다고 할 수 있지!

찬: 아하, 그래서 고려청자를 굽는 가마터가 해상교통이 편한 강진 같은 곳에 있던 거군요?

최쌤: 오, 역시 역사 천재답네! 맞아~ 하지만 이젠 교통이 발달해서 이런 요소들은 의미가 적어졌지~

쭈: 우리 오빠는 지금보다 어릴 때 한국사 1급 시험에 90점으로 합격했어요!

최쌤: 넌 맨날 오빠랑 싸우면서 역사 얘기 나올 때는 오빠가 자랑스럽니?

쭈: 히히, 네~ 역사 잘 아는 오빠가 멋있어요~

최쌤: 그럼 문제 한번 내보자~ 세계에서 도자로 가장 유명한 도시

는 어딜까?

찬: 일본이나 중국에 있나요?

최쌤: 아니! 바로 이곳 이천이란다!

쭈: 정말요?

최쌤: 그중에서도 가장 유명한 곳이 이천세라피아세라믹스창조센터인데, 전 세계 작가들이 이곳으로 도자 작품을 보내온다고 해. 이곳에 전시되는 것이 작가들에겐 영광인 거지!

찬: 오~이슬람 신자가 죽기 전에 메카에 한번 가보는 게 꿈인 것처럼요?

쭈: 그럼 오늘 갈 곳이 바로 그곳인가요?

최쌤: 그래 우리 함께 가보자~!

Chapter 2

# 아이들과 함께 이천세라피아세라믹스창조센터

## 이천세라피아세라믹스창조센터는요!

세라피아는 이천 설봉산 내 설봉공원에 있는데요. 매년 홀수 해에는 세계도자비엔날레를 개최하고, 평소에는 시기별로 다양한 주제로 전시회가 열린답니다. 그뿐 아니라 예술가들이 걱정하지 않고 창작활동에 전념할 수 있는 창작 레지던스도 있고요. 예쁜 도자를 판매하는 곳, 공작소, 아이들이 직접 체험할 수 있는 토락교실 같은 체험장까지 갖춰진 도자 복합문화공간이랍니다.

## 도선당

최쌤: 도선당은 이천 도자 예술가들의 작품을 전시하고 구매도 할 수 있는 곳인데요. 고려청자 같은 예술적인 도자부터 최근 핫한 펜던트 도자와 캐릭터 도자까지 만날 수 있답니다.

쭈: 오빠, 조금만 앞으로 와봐~ 조금만 더~

최쌤: 찰칵! 돼지 3형제다!

도자박물관

다양한 주제로 도자 전시가 펼쳐지는 곳인데요. 2층부터 3층까지 하나의 동선으로 연결되어 있답니다. 찬쭈와 함께 걸어볼까요?

최쌤: 와~ 코끼리다.

찬: 이걸 도자로 만든 건가요?

최쌤: 당연하지. 도자를 실로 연결해서 코끼리 형태로 만들었대.

쭈: 쌤, 바닥에 있는 건 코끼리 똥인가요? 엄청 많이 싸네~

최쌤: 아이고, 쭈야!

도자 도슨트: 네~ 외국에서 온 작품인데, 운반하다 떨어진 것들을 모아놓았답니다. 그게 코끼리 변처럼 보였나봐요~

토락교실

연령대에 맞는 도자 만들기 체험이 진행된답니다~

어린 친구들은 흙으로 조물조물, 초등학생은 근사한 도자 만들기!

어른은 물레질에 도전!

Chapter 3

# 설봉역 힐링스테이션, 작지만 가장 예쁜 역

설봉산 이천세라피아세라믹스창조센터 아래는 설봉호수가 펼쳐져 있고요. 설봉호수 아래는 사람들이 잘 모르는 작은 역이 하나 있답니다. 기차는 다니지 않지만, 누구나 잠시 쉬어갈 수 있는 작은 간이역이랍니다.

최쌤: 애들아. 여기서 책 읽으며 쉬어갈까?

쭈: 근데 쌤, 여기서 계속 기다리면 기차가 오나요?

최쌤: 아니~ 이제 집으로 돌아가자~

쭈: 벌써요? 조금만 더 있다 가요!

찬: 쌤, 저는 집으로 안 돌아갈래~

## Chapter 4 이천불탑불상기행

### 이천은 불교 예술의 핫 스폿!

쭈: 이천의 불상들은 왜 이렇게 무섭거나 우습게 생겼어요?

최쌤: 신라말에 왕권이 약해지면서 지방 세력이 성장하게 되는데, 이들을 호족이라 부른단다. 세상을 주도하는 세력이 신라 귀족에서 지방 호족으로 바뀌면서 모든 게 변했단다. 불교미술도 변했는데, 세련된 귀족 불교 문화가 지방 호족의 투박하지만 솔직한 스타일로 바뀌게 된 거지~ 어떤 불상은 머리를 몸통 크기만큼 과장해서 표현하기도 하고, 귀를 어깨선까지 늘어트리기도 했단다. 이처럼 미술사의 변화는 당시 시대 상황과 밀접한 관련이 있어~ 그래서 미술사를 공부하는 사람에게도 역사 공부는 가장 기본이라고 할 수 있단다.

찬·쭈: 꾸벅꾸벅

최쌤: 너흰 설명이 길어지면 맨날 조냐?

### 고려불상의 기준, 태평흥국명마애보살반가상

최쌤: 이 불상은 참 귀한 불상이야.

찬: 왜요 쌤? 특이한 모양 때문인가요?

최쌤: 그보단 불상 중 조성연대를 알 수 있는 얼마 안 되는 불상이

기 때문이지. 불상 뒷면에 태평흥국 6년이 라고 쓰여 있는데, 이는 서기 981년을 말한단다. 고려가 막 송나라와 수교를 시작하던 시기지.

최쌤: 세라피아 아래 설봉공원 안의 관고동 3층 석탑과 중리동 행정복지센터 옆의 중리동 3층 석탑, 갈산동석불도 고려시대 불교 예술 작품 가운데 빼어나다고 생각해~

## 반드시 돌아와야 할 이천오층석탑

최쌤: 이곳 이천시립박물관 옆 뜰에는 버려져 있던 탑신 등을 모아서 복원해놓았는데, 이곳에서는 고려시대 석탑의 모습을 한눈에 볼 수 있단다.

쭈: 쌤, 이곳에는 탑이 없고 사진만 있는데요.

최쌤: 응. 그건 이천 5층 석탑이란다. 일제강점기에 일본이 빼어간 석탑이라 자리를 비워둔 거란다. 반드시 환수해서 이 자리에 돌려놓아야겠지.

## 어떻게 즐길까?

조금만 더 설명해주세요

### 체험시즌은 언제예요?

이천세라피아세라믹스창조센터는 매주 월요일 휴관이고요.
명절과 1월 1일에도 쉰답니다.

### 세라피아 근처에서 가족과 산책할만한 곳이 있을까요?

설봉호수 한 바퀴도 좋지만요.
세라피아 옆 등산로를 따라 구암약수를 거쳐 정상 산책을 추천합니다.

### 어떻게 가나요?

**세라피아**: 이천시 관고동 435-4 일대
**설봉역**: 이천시 관고동 246-11 일대
**태평흥국명마애보살반가상**: 이천시 마장면 장암리 181-1 부근

### 함께 방문하면 좋은 곳은?

이천세라피아세라믹스창조센터 아래 이천시립박물관에 함께 방문해보세요~

### 찬쭈가 드리는 여행팁!

찬 : 가끔, 이천세라피아세라믹스창조센터 토락교실에서 SNS이벤트를 한답니다~
공지를 잘 보시고 참여하시면 다양한 도자 선물이 팡팡!

쭈 : 설봉역에서 설봉호수 힐링로드를 거쳐 이천시립박물관, 그리고
이천세라피아세라믹스창조센터로 이어지는 걷기 코스는 모두가 좋아할 거예요!
참. 설봉역은 밤에 더 예뻐요~

Part 6

# 이천이라 더 특별한 주말여행!

겨울엔 새콤달콤 귤 수확체험!
여름과 가을엔 아삭 달콤한 복숭아축제가 기다리는 곳
도심 한가운데 임금이 거닐었던 연못가 온천에서
아이들이 신나게 놀 수 있는 곳
서희의 외교 정신까지 만날 수 있는 곳
이천이라 더 특별한 여행으로
우리 함께 떠나보아요~

1 봄엔 복숭아꽃, 가을엔 복숭아축제!
복숭아축제+진암리 꽃동산

2 제주에는 한라봉! 이천에는 설봉향!
하늘빛농원+아리랑농업박물관

3 임금도 아낀, 가장 사랑스러운 공원
안흥지·애련정+온천공원

4 이천에서 즐기면서 하는 외교 공부!
서희문화관+효양산

5 그래, 이천이라면 역시 도자체험이지!
이천 도자기 만들기 체험+이천로컬푸드직매장

# 01

# 봄엔 복숭아꽃, 가을엔 복숭아축제!

## 복숭아축제 | 진암리 꽃동산

장호원 백족산이 허물어지고 퇴적되어 형성된 진암리는 물 빠짐이 좋아서 쌀보다는 과수를 재배하기에 좋답니다. 게다가 백족산을 북쪽에 등지고 있기에 햇빛도 풍부해서 복숭아와 배를 재배하기에 딱 맞죠. 허물어진 백족산 때문에 청미천은 진암리와 오남리 일대를 휘돌아 나가는데, 청미천의 맑은 물 때문에 백족산 일대의 지하수는 마를 날이 없답니다.

청미천에는 물과 관련된 재밌지만 섬뜩한 전설도 전합니다. 조선시대 희대의 간신, 김자점이 스스로 왕이 되기 위해 좋은 묫자리라 알려진 진암리 부근에 아버지의 무덤을 만드는데요. 묫자리 땅의 기운이 청미천의 물과 만나 용(왕)이 되어 하늘로 오를 수 있다는 이유였답니다. 그러나 용이 승천하기에는 청미천의 물이 부족했고, 김자점은 사람들을 동원해서 물을 막을 보를 쌓기 시작했답니다. 이를 자점이보라 불렀는데, 지금도 현대식으로 바뀌어 그 자리를 지키고 있답니다. 그래서 김자점은 어떻게 되었냐고요? 간신의 결말은 불행이겠죠?

전설과는 다르게 4월의 진암리와 오남리는 세상에서 가장 아름다운 벌판으로 바뀌는데요. 연분홍빛 복숭아꽃과 흰 배꽃은 무릉도원을 느끼게 한답니다.

아름다운 들판에서 복숭아를 즐기며 역사 이야기를 나눌 수 있는 곳, 찬쭈와 함께 장호원 과수원길을 걸어볼까요?

Chapter 1

# 세상에서 가장 뜨거운 과일은?

찬: 쭈야, 물고기가 방귀를 뀌면 뭔 줄 아니?

쭈: 물고기도 방귀를 뀌어?

찬: 응, 생선가스~

쭈: 아…. 오빠, 좀!

찬: 쭈야~ 너 우럭 닮은 거 알아?

쭈: 그만해라~ 자꾸 그러면 나 울거다!

찬: 쭈야, 울어? 우럭이 왜 우럭?

쭈: 아재개그 그만해!

찬: 알겠어~ 그럼 가장 뜨거운 과일은?

쭈: 놀리지 마! 과일이 시원하지, 왜 뜨거워!

찬: 복숭아는 뜨겁지~ 천도복숭아 몰라? 복숭아가 1,000도야~

쭈: 어이가 없네.

최쌤: 찬이 말도 맞는 말이야~

쭈: 쌤은 왜 그래요. 무슨 오빠 말이 맞아요?

최쌤: 처맞는 말이야~

최쌤: 농담이 아니고, 요즘 이천 햇사레복숭아의 인기가 엄청 뜨거워. 장호원 복숭아는 어떻게 유명해졌을까?

Chapter 2

# 달콤달콤, 햇사레 장호원복숭아축제는요

햇사레 장호원복숭아축제

복숭아축제는 장호원읍 근방의 복숭아 재배 농업인과 지역사회단체에서 시작한 작은 축제였답니다. 그러나 이제는 대한민국에서도 빼놓을 수 없는 축제가 되었는데요. 그만큼 인기가 높아졌단 뜻이겠죠? 축제에서는 그해 최고의 복숭아도 뽑고, 가장 잘 키운 농업인에게도 상도 주는데요. 대한민국 최고의 햇사레복숭아를 마음껏 만날 수 있는 축제가 바로 햇사레 장호원복숭아축제랍니다!

쭈: 쌤! 복숭아축제에 가면 정말 복숭아를 맘껏 먹을 수 있나요?

찬: 쉬잇! 시식 맘대로 할 수 있는 건 비밀이란 말이야. 소문 나서 사람들 몰려오면 우리가 시식할 수 있는 양이 줄어든단 말이야!

최쌤: 음, 걱정 마라~ 복숭아농장에서 엄청나게 많은 양을 가져오셨으니, 맘껏 시식하고 맛있으면 사면 돼~

찬: 근데 쌤! 장호원 복숭아가 우리나라에서 제일 유명하잖아요. 언제부터 유명해졌어요?

최쌤: 음, 조금 길게 설명해야겠네~

장호원 복숭아가 유명해진 비결은요!

최쌤: 조선시대에 재상들은 장호원 일대에 논밭 갖는 걸 꿈으로 여겼을 만큼 땅이 비옥했는데, 일제강점기에는 이 지역 곡식을 수탈하려고 천안에서 장호원까지 철로를 연결했을 정도란다. 그 기차 때문에 장호원은 번성하면서 상품작물인 복숭아를 많이 심었다고 해. 우스갯소리로 '장호원은 똥개도 지폐를 물고 다닌다'라는 말이 있었지~ 그 정도로 발전했던 곳이야. 하지만, 장호원 복숭아의 맛은 그다지 좋지 않았나 봐~

쭈: 그래서요, 쌤?

최쌤: 이후, 장호원에서 복숭아를 재배하던 농부가 6·25전쟁을 피해 대전으로 피란을 갔다고 하는데 마침 머물던 곳이 미국인 선교사의 숙소였대. 하필 숙소 뒤편에는 미국에서 가져다 심은 복숭아나무가 있었고, 호기심에 가지 하나를 잘라 왔다고 해. 그리곤 장호원 집에 돌아와서 자신이 키우던 복숭아나무에 접붙였는데, 이듬해 아주 크고 다디단 복숭아가 열렸다지 뭐야? 이 놀라운 복숭아에 관한 소문은 삽시간에 퍼졌고, 많은 사람이 가지를 얻어 접붙이기하면서 장호원 곳곳에 퍼져나갔단다. 그래서 장호원 복숭아를 '미백도'라고 하는데, 미백도의 '미'는 미국에서 가져온 복숭아라는 의미라고 한단다.

찬·쭈: 꾸벅꾸벅.

최쌤: 야! 찬쭈! 또 조냐?

# Chapter 3 아이들과 함께 헷사래 장호원 복숭아축제!

복숭아의 좋은 점은?

찬: 쌤, 복숭아가 좋은 점은 뭐예요? 맛은 정말 좋은데 몸에도 좋은 게 확실한가요?

최쌤: 당연하지! 복숭아를 먹으면 피부의 탄력이 좋아진대~

쭈: 저는 그럼 필요 없겠네요~

찬: 진짜?

최쌤: 그리고 복숭아에 함유된 아미그달린 성분이 초조함을 완화시켜주고 푹 자게 도와준다고 해~

찬: 쌤, 쭈는 필요 없어요~ 애는 눈 감고 3초면 잠들어요~

최쌤: 그리고 식이섬유인 펙틴이 많이 들어 있어서, 장을 튼튼하게 하고 쾌변을 도와주지~

찬: 근데 쌤! 여기 복숭아 판매하시는 분들 모두 웃음이 예쁘신 것 같아요. 복숭아를 드셔서 그런가?

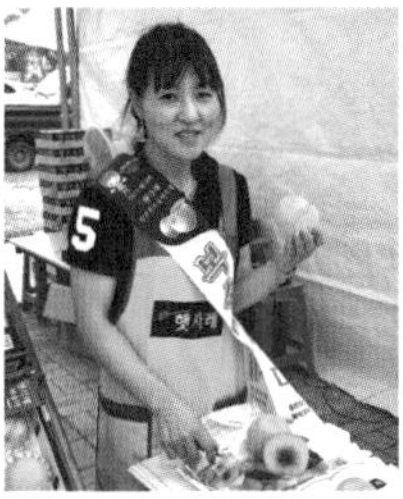

Chapter 4

# 나의 살던 고향은 **복숭아 꽃대궐**

무릉도원, 장호원

최쌤: 너희 무릉도원이라고 아니?

찬: 네, 들어본 적 있어요~

최쌤: 아주 먼 옛날, 사람들이 찾지 못하는 천국 같은 세상을 무릉도원이라고 불렀는데 그곳은 복숭아꽃이 만발한 곳이었대~ 그래서 복숭아 '도(桃)'자를 붙인 거지~

진암리 꽃동산은요

4월이 되면 복숭아꽃과 배꽃이 장호원 들녘을 포옥 덮는답니다. 이보다 더한 장관은 없을 거예요!

가장 좋은 꽃구경 포인트는 백족산의 무량사 인근이랍니다. 무량사에서 아래쪽으로 수 킬로미터 펼쳐진 진암리와 오남리 벌판은 말 그대로 꽃대궐이 따로 없답니다!

## 어떻게 즐길까?

조금만 더 설명해주세요

### 체험시즌은 언제예요?

장호원 복숭아축제는 보통 9월 말에 열립니다.
복숭아꽃과 배꽃이 활짝 피는 시기는 4월 중순이에요~

### 산책 코스 좀 알려주세요

백족산 무량사에 주차하고 백족산 정상까지 다녀와도 좋고요.
길을 따라 진암3리 마을회관 근방을 걸으면 꽃 대궐이 뭔지를 느낄 수 있답니다.

### 어떻게 가나요?

복숭아축제장: 이천시 장호원읍 서동대로8759번길 117일대
백족산 무량사: 이천시 장호원읍 진암리 산68-20

### 함께 방문하면 좋은 곳은?

장호원복숭아축제장에 오셨다면 장 구경 잊지 마시고요.
율면에 위치한 임마누엘 포도농원이나 돼지테마파크를 추천합니다~

**찬쭈가 드리는 여행팁!**

쭈 : 복숭아축제에 방문했다면, 백족산에도 한 번 오르셔야죠~

찬 : 옛날 이 근방에 큰 절이 있었는데요. 스님들이 모두 괴물 지네에게 끌려가고 마지막 주지스님만 남았는데, 하루는 스님의 친구가 찾아와서 무명옷 한 벌을 주며 이 옷을 절대 벗지 말라고 말했답니다. 다음 날 새벽, 스님은 지네에게 물려 백족산 지네굴로 끌려갔는데요. 사람들이 따라가 보니 스님과 지네가 함께 죽은 채로 발견됐다고 해요!

## 02

# 제주에는 한라봉!
# 이천에는 설봉향!

### 하늘빛농원 | 아리랑농업박물관

겨울이 행복한 이유는 따뜻한 방에서 귤을 까먹으면서 책을 읽을 수 있기 때문이 아닐까요? 귤은 종류도 참 다양하답니다. '낑깡'이라 불리는 작은 금귤부터 왕귤까지 우리를 기쁘게 하는데요. 요즘은 여러 품종을 섞은 교잡종이 대세랍니다.

한라봉은 꼭지 부분이 마치 한라산 봉우리처럼 생겼다고 해서 붙여진 이름인데, 달달하고 식감이 재밌습니다. 천혜향은 귤과 오렌지를 교잡해서 만든 귤입니다. 향기가 천리를 간다고 해서 붙은 이름인데, 껍질이 얇고 단맛이 강하답니다. 황금향은 한라봉과 천혜향을 다시 교잡해서 만든 귤인데요. 천혜향보다 껍질이 조금 두껍고, 맛은 단맛과 신맛이 조화롭다고 하네요. 레드향은 한라봉과 서지향을 교잡해서 만든 품종이라고 하는데, 귤 중에 가장 당도가 높다고 합니다. 그러나 그래도 최고의 귤은 우리가 흔하게 까 먹는 일반 제주 감귤이 아닐까요?

이천에서도 제주도 못지않은 귤 재배 농가를 만날 수 있는데요. 이천에서 귤 먹는 즐거움과 함께 수확하는 즐거움까지 아이들과 함께 누려보세요~

# Chapter 1 이천에서 귤을 딸 수 있다고요?

최쌤: 오늘은 말이 필요 없는 곳에 갈 거야~ 다 준비됐지?

찬: 말이 필요 없는데 왜 가요? 또 김말이 튀김 먹으러 가나요?

최쌤: 그 정도로 재밌는 곳이니깐!

쭈: 뭔데요? 오늘은 어디에요?

최쌤: 오늘은 귤을 따러 간다~

찬: 설마 제주도에 가나요? 내일 학교 가야 하는데요?

쭈: 오빠, 학교 쉬면 좋지 뭘! 전 갈래요~

최쌤: 오늘 귤과 한라봉 따기 체험 장소는 바로 우리가 사는 이천이란다~

쭈: 에이, 이천에서 귤을 어떻게 따요?

최쌤: 후후, 믿지 않을 줄 알았지~ 알겠어. 못 믿겠으면 안 따라와도 돼~

찬·쭈: 아니에요! 같이 가요 쌤!

Chapter 2

# 하늘빛농원은요!

### 이천의 귤나무 숲

설마 이천에서 귤을 딸 수 있냐고요?

많은 분이 질문합니다. 하지만 이천에서도 귤과 한라봉 체험을 할 수 있답니다. 작은 비닐하우스에 귤나무 몇 개 심어놓은 게 아니냐고요?

아닙니다! 무려, 길이 100미터에 달하는 장소에 귤나무와 한라봉 나무가 밀림처럼 빽빽한 농장이고요. 사람을 잃어버려도 찾기 힘드니, 조심해서 따라오셔야 합니다!

### 새콤달콤 상고귤

최쌤: 안녕하세요~ 사장님, 이곳에서는 한라봉만 재배하나요?

귤사장님: 네, 안녕하세요. 왼쪽은 한라봉이고요. 오른쪽 넓은 곳은 모두 상고귤입니다~

최쌤: 상고귤이요? 처음 들어보는데요. 어떤 귤인가요?

귤사장님: 상고귤은 달콤새콤한 맛이 일품인 귤인데요. 색도 일반 귤과는 달리 붉은색이라 색도 매력적인 재밌는 품종의 귤이랍니다~

최쌤: 그럼 온실 안으로 들어가볼까요?

설봉향은요!

최쌤: 와~ 여기는 정말 제주도 같아요! 진짜 넓어요! 이 정도 규모의 농장이 경기도에 있나요?

귤사장님: 저희 농장이 경기도에서 가장 넓습니다.

최쌤: 저쪽은 귤이고 이쪽은 한라봉이죠?

귤사장님: 정확히 말하면 한라봉이 아니라 설봉향이라 부릅니다.

최쌤: 설봉향이요?

귤사장님: 사실 한라봉과 설봉향은 같은 품종입니다. '부지화'라는 품종인데요. 제주에서 재배하는 부지화는 우뚝 솟은 꼭지가 한라산을 닮아서 한라봉이라고 부르고요. 이곳 이천의 한라봉은 설봉산의 이름을 따서 설봉향이라 불러요~

찬: 어떻게 따면 될까요? 바로 따면 돼요?

귤사장님: 자, 보이시죠? 여기 열매를 잡아당기면 안 되고요. 나눠드린 가위로 줄기를 잘라주어야 해요!

쭈: 저희 빨리 따고 싶어요!

최쌤: 자, 이제 귤 따러 모두 출발!

굴 따기, 시~작!

Chapter 4

# 옛날 정서 넘치는 농촌 교육의 산실, **아리랑농업박물관**

최쌤: 아리랑농업박물관에는 옛날 농기구가 있어 농업의 역사를 직접 눈으로 보고 만질 수 있단다. 토끼와 새, 당나귀, 기니피그에게 직접 모이를 주며 만져볼 수 있는 체험장도 있고.

쭈: 아, 엄마한테 말해서 토끼 사달라 해야지!

최쌤: 쭈야. 반려동물과 함께 사는 건 신중하게 생각해야 해!

최쌤: 음…. 그게, 사실 쌤은 어릴 때부터 개랑 고양이랑 함께 자랐거든. 그때는 개랑 고양이는 그냥 사람과 어우러져 사는 그런 존재들이었어. 근데 지금은 반려동물이라는 이름으로 자신의 부족한 부분을 동물에게 강요하는 게 아닌가 하는 생각이 들어.

찬: 음, 그니깐 자기 욕심을 채우려고 동물을 키우는 사람도 일부 있다는 말이죠?

최쌤: 맞아~ 반려동물은 키우는 게 아니라 동물과 함께 사는 거야. 진짜 가족인 거지. 그런 각오가 없으면 절대 입양하면 안 되지 않을까?

## 어떻게 즐길까?

조금만 더 설명해주세요

### 체험시즌은 언제예요?

하늘빛농원은 11월부터 2월까지 운영합니다.
아리랑농업박물관은 문의하고 방문 바랄게요.

### 귤 딸 때 팁이 있을까요?

귤농장이 어마어마하게 넓습니다. 급하게 따지 말고,
천천히 자연을 즐기면서 여유롭게!

### 어떻게 가나요?

**하늘빛농원**: 이천시 율면 북두리 736
**아리랑농업박물관**: 이천시 장호원읍 경충대로307번길 240-9

### 함께 방문하면 좋은 곳은?

근처의 어재연장군생가나 돼지테마파크를 추천합니다~

**찬쭈가 드리는 여행팁!**

쭈 : 하늘빛농원의 매력은 당연히 주황색 귤이겠지만요. 저는 귤꽃도 참 좋아요~
가끔 때를 잘못 알고 피는 귤꽃을 만나면 더 즐거워요~

찬 : 상고귤 수확은 초겨울부터! 한라봉, 아니 설봉향 수확 체험은
1월부터 가능하답니다~

## 03

# 임금도 아낀, 가장 사랑스러운 공원

### 안흥지·애련정 | 온천공원

연못 안흥지와 세트로 언급되는 애련정은 안흥지 가운데 작은 섬의 정자인데요. 안흥지와 애련정의 역사는 참 깊답니다. 조선초까지만 해도 이곳 안흥지는 자연습지였는데요. 따뜻한 온천물이 솟았기 때문에 이 지역을 온천배미라고도 불렀답니다. 이런 습지를 네모반듯하게 정비하고 정자를 세운 사람은 1474년 성종 시절, 이천 사또로 부임한 이세보였습니다. 지금은 자연스러운 곡선으로 바뀌었지만 80년대만 해도 안흥지는 각이 진 형태로 옛 모습을 간직한 연못이었답니다.

성종 이후, 사화를 피해 내려왔던 김안국과 왕위 계승문제로 갈등과 곤란을 겪었던 월산대군, 동국통감을 지은 서거정 등이 이곳 안흥지에서 풍류를 즐기면서 시를 남겼다고 하고, 조선의 왕들은 여주 세종의 영릉을 참배할 때는 이곳 애련정에 들러 풍광을 즐기며 안흥지 온천물에 몸을 씻기도 했답니다.

찬쭈가 벚꽃 활짝 핀 안흥지를 다녀왔다고 하는데요. 우리 함께 가볼까요?

Chapter 1

# 세상에서 가장 사랑스러운 공원!

최쌤: 애들아. 너희가 날 그렇게 무시해도 나도 결혼 전에 인기 많았었다~

찬: 쌤, 원래 추억은 아름다운 거예요~

최쌤: 그런 게 아니고, 결혼 전에 만나던 아가씨가 있었는데 여기 안흥지를 몇 번 걸었더랬다~ 근데 인연이 아니라고 생각해서 그만 만나자고 했거든…. 근데 다음날 우연히 이곳을 지나가는데, 그 아가씨가 나랑 얘기하던 그 자리에 앉아 있더라.

쭈: 쌤, 우리 솔직해지죠. 정직하게 말해보세요. 차인 거죠?

최쌤: 차고 차이는 게 뭐가 중요하냐! 엄청 옛날 일인데!

그나저나 찬쭈야, 여기가 이천에서 가장 서정적인 장소가 안흥지랑 애련정이다. 혹시 와본 적 있니?

찬: 실제 들어와 본적은 처음이에요~

최쌤: 서울사람들도 63빌딩을 가본 적은 별로 없을 거야. 원래 유명한 곳은 스치며 지나듯 보는 법이니깐.

최쌤: 애들아. 근데 그거 아니? 여기 안흥지는 왕들이 노닐던 연못이라는걸?

찬: 정말이요?

최쌤: 그래! 이제 천천히 얘기해줄게~ 더 질문 있는 사람?

쭈: 저요. 선생님, 질문 있는데요. 그니까 여성분께 차인 거 맞죠?

최쌤: 어흑, 그래 사실 차였단다.

## Chapter 2 신숙주와 애련정

안흥지 가운데 있는 작은 섬에 서 있는 정자 애련정에는 월산대군과 서거정 등 많은 문인이 찾아와 지은 시가 편액으로 마련되어 걸려있답니다.

최쌤: 얘들아. 이곳 애련정이란 이름은 성종 시절 영의정인 신숙주가 지어주었단다.

찬: 쌤, 신숙주라면 배신자 아닌가요?

최쌤: 오~ 역시 유찬이. 그치, 세종대왕께서 손자인 단종을 잘 보필하라고 했는데 신숙주는 계유정난 때 수양대군 편을 들었던 인물이지.

찬: 그럼 숙주나물 할 때 그 신숙주인가요?

최쌤: 맞아, 숙주는 녹두의 싹이거든~

쭈: 콩의 싹은 콩나물인데, 녹두 싹은 녹두나물이 되어야 하는 거 아네요?

최쌤: 오, 유주도 제법이네~ 근데 이 숙주나물이 금방 쉬어버려. 마치 금방 변절하는 신숙주처럼. 그래서 녹두나물을 숙주나물이라 불렀다는 말이 있지. 또 너희 만두 좋아하지? 만두소에 이 나물을 다져 넣었기 때문에, 신숙주를 다지듯 팬다는 뜻에서 그렇게 불렀다고도 해~ 마침 바로 옆에 만두 맛집이 있는데 함께 갈까?

찬·쭈: 오예!

Chapter 3

# 역사가 숨 쉬는 **안흥지와 애련정**

### 안흥지에는 팝콘이 터져요!

쭈: 쌤, 여기 벚꽃이 예뻐요~ 꽃 보니깐 뭐가 생각나는 것 같아요~

최쌤: 오~ 쭈도 봄밤의 서정을 느끼나 보다.

찬: 그럴리가요. 걘 소고기랑 막창 생각으로 머리가 꽉 차 있는 애예요~

쭈: 아니거든! 나 같은 귀여운 소녀가 막창을 어떻게 먹냐?

최쌤: 우리 유주 그런 애 아니야! 쭈야 꽃 보니 뭐가 생각나니?

쭈: 말하긴 부끄러운데요. 진짜 말해도 돼요?

최쌤: 괜찮으니까 말해 봐~

쭈: 저기 활짝 핀 벚꽃은 마치…. 팝콘 같아요~ 나뭇가지마다 팝콘이 터져서 떨어지는 느낌이에요~

찬: 그럼 그렇지~ 넌 맨날 먹는 생각뿐이냐!

### 왕이 거닐었던 연못

최쌤: 얘들아, 이렇게 웃고 떠들긴 해도 사실은 이곳 안흥지와 애련정은 역사적 의미가 깊은 곳이기도 해.

쭈: 무슨 사건이라도 일어났나요?

최쌤: 조선의 많은 왕이 세종대왕릉에 참배 갈 때 이곳에 들러서 풍류를 즐기기도 했대. 정조대왕 알지? 그분이 이곳에 들러가실 때 애련정을 칭찬한 이야기가 실록에 기록되어 있기도 해. 너희 혹시

경국대전을 편찬한 왕이 누군지 아니?

찬: 정답! 성종이요~

최쌤: 맞아. 성종은 세종대왕릉에 참배 갈 때, 이곳 이천 행궁에서 이천쌀밥을 맛보고는 칭찬을 아끼지 않았고, 그때부터 이천쌀을 궁궐에 진상했다는 기록이 있어~ 그 정도로 역사적인 장소가 바로 이곳 안흥지랑 애련정인 거지.

이천 충화사건

최쌤: 애들아. 다른 지역 사람들이 가장 놀라워하는 곳이 어딘 줄 아니?

쭈: 설봉산이요? 아니면 예스파크?

찬: 바보야, 여기 안흥지에서 얘기하는 거 보니까 당연히 안흥지지~ 맞죠?

최쌤: 맞아~ 그렇긴 하지. 근데 왜 안흥지를 제일 좋아했을까?

쭈: 예뻐서요?

최쌤: 음, 이렇게 고즈넉한 연못과 정자가 도심 한가운데 있다는

게 좀 놀랍다고 얘기하더라~ 근데 이렇게 아름다운 안흥지와 애련정이지만 항상 행복했던 시절만 있던 건 아니야.

최쌤: 이천 충화사건 당시에 여기 안흥지의 애련정이 불타 없어졌다고 해. 그리고 설봉산의 영월암도 함께 소실되었지. 너희가 이렇게 머리에 꽃을 꽂고 활짝 웃으며 돌아다닐 수 있는 것도 당시 우리 이천의 의병들이 열심히 싸워주었기 때문인 거야. 그러니 이천의 의병들을 자랑스러워하고 감사해야겠지.

Bonus Chapter

## 이천 충화사건

1907년 8월 1일, 을사늑약 이후 한반도를 차례로 침탈하던 일본은 대한제국의 군대를 강제해산하게 되는데, 해산된 군인들이 의병에 가담하면서 보다 체계적으로 의병전쟁이 진행됐습니다. 이를 정미의병이라 하는데, 이때 가장 치열하게 의병전쟁이 일어났던 곳이 바로 이천입니다.

러일전쟁 취재를 위해 파견되어온 영국언론 <데일리메일>의 특파원 멕켄지(Mckenzie)는 의병을 취재하기 위해 수소문하던 중, 대부분 사람에게 '의병을 만나려면 이천으로 가라'는 답변을 들었다고 자신의 책에 기록했을 정도니 무슨 말이 더 필요할까요?

의병을 찾기 위해 이천까지 직접 방문한 그가 처음 목격한 것은 이미 일본군이 이천을 휩쓸고 간 뒤, 폐허로 남은 마을뿐이었습니다. 당시 일본군의 방화와 약탈로 이천에서 930여 호의 가옥이 불타고 많은 사람이 희생당했다고 기록되어 있는데, 이를 '이천충화사건'이라 한답니다.

# 이천의 센트럴파크,
# **온천공원!**

뉴욕의 중심에 센트럴파크가 있듯, 이천 시내의 중심에는 온천공원과 안흥지가 있기에 저녁 가족산책으로 딱 알맞답니다.

온천공원 최고의 뷰는 역시, 해질녘의 모나리자 구조물입니다. 설봉산을 배경으로 해가 지는 모습을 바라보는 저녁의 평안함!

앗! 뜨거워~

온천의 고장답게 온천공원의 트레이드 마크는 바로 이곳, 족욕장! 지친 발과 마음을 족욕장에서 녹여보아요~

1998년 '사랑과 평화'라는 주제로 개최된 이천국제조각심포지엄의 출품작들이 온천공원에 전시되어 산책길을 더욱 흥미롭게 만든답니다.

Bonus Chapter

## 함께 즐길 수 있는 미란다스파플러스!

안흥지와 애련정을 맘껏 즐기려면, 안흥지 옆 미란다스파플러스를 권해드립니다~ 아이들이 좋아하는 풀장부터 타요 객실까지~ 아이들이 딱 좋아할 곳이랍니다. 조선후기, 안흥지 온천에 대한 소문을 듣고 찾아온 병자가 솟아나는 온천물에 눈을 씻었더니, 말끔하게 눈이 나으면서 더욱 유명해졌다는 온천휴양지입니다.

## 어떻게 즐길까?

조금만 더 설명해주세요

### 안흥지 애련정엔 누구나 들어갈 수 있나요?

네, 식사 후 근사하게 애련정에서 차 한잔, 운치 있겠죠?
뒷정리는 확실하게!

### 온천공원에서는 어떤 행사가 열리나요?

평생학습축제와 청소년축제를 비롯한 다양한 축제와 YMCA벼룩시장, 플리마켓 등 가족과 함께 할 수 있는 행사가 주로 열립니다~

### 어떻게 가나요?

**안흥지**: 이천시 안흥동 404일대
**온천공원**: 이천시 안흥로 39-40

### 함께 방문하면 좋은 곳은?

안흥지 인근에 이천 먹자골목이 있답니다.
맛집에서 식사하고 안흥지 한번 걸어보세요~

**찬쭈가 드리는 여행팁!**

찬 : 안흥지와 애련정의 낭만을 즐기시려면 벚꽃 활짝 핀 날 저녁이 참 좋아요!

쭈 : 맞아요~ 하늘에서 펑 하고 터져 내리는 뻥튀기 꽃잎. 그리고 저처럼 이렇게 꽃 하나 꽂으면 공주가 아니라 꽃쭈가 된답니다~

찬 : 우우우!

## 04

# 이천에서 즐기면서 하는 외교 공부!

### 서희문화관 | 효양산

서신일은 신라말 아간벼슬을 지낸 인물인데요. 그는 신라가 기울어가자 이곳 효양산 아래로 낙향했답니다. 서신일은 효양산 기슭에서 후진을 양성하며 살았는데, 느지막한 나이에도 자식이 없어서 근심이 컸다고 해요. 하루는 서신일이 일하고 있는데, 사슴 한 마리가 화살이 등에 박힌 채 그에게 뛰어왔는데요. 재빨리 풀숲 속에 사슴을 숨겨주고 뒤따라온 사냥꾼에게는 다른 곳을 일러주었답니다. 사슴이 몇 번이나 고개를 조아리고 산으로 향한 그날 밤, 서신일의 꿈속에 도인이 나타나 이렇게 말했다고 해요.

"나는 효양산 신령인데, 아까 그대가 구해준 사슴은 내 아들이오. 그대로 인해 내 아들의 목숨을 구했으니 보답을 해야겠소. 그대는 이제 곧 바라던 것을 얻을 것이오."

팔십이 넘은 서신일은 산신령의 예언을 믿을 수 없었지만, 정말 얼마 뒤 사내아이를 낳았답니다. 이후 서신일의 장삿날에 신기한 일이 벌어졌답니다. 상갓집에 커다란 사슴이 들어오더니 서신일 아들의 옷섶을 잡아끌더니 효양산 중턱에 멈추어 발로 땅을 가리켰다고 해요. 이에 아들은 사슴이 이끈 자리에 서신일의 묫자리를 쓰게 되었고, 묘지 앞에 후손들이 연못을 만들었다고 합니다.

서신일의 손자는 거란과의 외교담판으로 유명한 서희랍니다.

Chapter 1

# 이천에서 가장 유명한 사람은?

찬: 쌤! 이천 출신 중 가장 유명한 사람이 누굴까요?

최쌤: 글쎄? 가수 임창정도 있고, 어재연 장군도 있지만, 그래도 서희가 아닐까?

찬: 서희는 왜 뛰어난 사람으로 평가받나요?

최쌤: 음, 첫 번째로 국제 정세를 확실히 파악하고 있었지. 거란이 송을 배후에 두고 고려를 치지 못할 거라는 점을 알았고, 두 번째는 역사를 정확히 알고 있었어. 즉, 거란의 땅이 고려의 전신인 고구려 영토였다는 점을 협상에 활용했지. 세 번째는 과감함이 아닐까 싶어. 거란의 요구를 역으로 이용해서 우리가 강동 6주 땅을 차지할 수 있었으니!

찬: 어떻게 하면 서희처럼 천재가 될 수 있을까요?

쭈: 오빠~ 천재랑 미녀는 나처럼 타고나야 하는 거야~

최쌤: 쭈야, 그만 웃겨라~

하피투스라는 말이 있단다. 라틴어로 수도자의 옷을 말하는데, 이 단어에서 해빗(habit)이라는 말이 탄생했어. 수도자는 매일 아침 일어나서 습관처럼 같은 옷을 입지. 공부도 마찬가지란다. 습관처럼 계속 의문을 갖고, 그 의문을 풀려고 노력하고… 야! 찬쭈 안 듣고 웬 딴청이냐!

Chapter 2

# 외교전략의 달인, 서희

서희와 이천은 어떤 관계일까?

찬: 쌤, 서희가 이천사람이라서 서희정신을 본받아야 하는 건가요?

최쌤: 에이, 설마~

찬: 그럼 1,000년도 훨씬 지났는데, 서희랑 이천은 무슨 관계가 있나요?

최쌤: 일단 서희의 당숙이 고려의 후삼국통일 전, 홍수로 불어난 이천 복하천을 건너지 못하는 왕건을 도와주었거든. 왕건은 이곳에 '이천'이라는 이름을 내려주며 고마움을 표현했지.

찬: 그뿐이면 큰 관계가 없는 것 아닌가요?

최쌤: 이건 인연의 시작이고, 송나라가 979년 5대 10국의 혼란을 통일하게 되거든. 이 무렵 고려와도 수교를 맺고 교역을 하게 되는데, 서희가 이 교역로를 개척하게 되지~

찬: 교역로랑 이천이랑 무슨 상관이에요?

최쌤: 이때 개척된 교역로를 통해 송나라의 다양한 문물이 전래되었는데, 이때 가장 인기 있던 품목 중 하나는 청자였어. 고려는 이미 발달한 공예 문화를 바탕으로 송나라의 청자기술을 접목해서 세계 최고의 도자 문화를 꽃피우게 되거든! 내가 왜 이런 말을 하는지 이제 좀 감이 잡히니?

쭈: 무슨 말인지 하나도 모르겠어요~

찬: 어~ 쌤! 전 조금씩 알 것 같아요!

최쌤: 그치? 서희의 외교력으로 수교를 맺고, 거란의 침략도 물리치고, 받아들인 청자기술을 발전시켜서 도자 산업이 발달했는데, 현재에 가장 그 혜택을 보는 지역은 어딜까?

찬: 바로 여기 이천이요!

최쌤: 맞아! 이천 출신 서희의 외교력이 결국, 이천의 도자 산업을 발전시켰다고 할 수 있지!

찬: 정말 그러네요! 정말 자랑스러워요!

최쌤: 역사는 순환되는 거야. 이천에 도자 산업이 발전하게 된 건, 역사의 필연이지~

Chapter 3

# 아이들과 함께 **서희테마파크**

서희역사관

서희테마파크는 대한민국 국민에게 서희 정신을 전하기 위해 서희의 고향인 효양산 기슭에 세운 테마파크랍니다. 서희 정신을 배울 수 있는 서희역사관과 서희의 삶을 떠올릴 수 있는 서희산책로가 그중에서도 가장 핫한 곳인데요. 가족과 함께 방문하면 교훈도 얻을 수 있고 역사 공부도 할 수 있답니다~

서희역사관은 장위공 서희 선생의 숭고한 마음과 외교력을 깊이 새길 수 있는 곳입니다. 역사전시관, 체험관, 영상관으로 나뉘어 있답니다~

서희 산책로

장위공 서희 선생의 일대기를 따라 서희 선생의 탄생부터 거란의 침입을 막아낸 993년까지의 삶을 국내 유명 조각가들의 조형 작품을 감상하며 산책할 수 있는 곳이랍니다!

쭈: 쌤! 여기는 19금이에요~ 이건 보면 안 될 것 같아요!

최쌤: 근데 넌 왜 이렇게 좋아하니?

# Chapter 4 서희의 고향, **효양산**

## 효양산 금송아지

옛날 당나라 황제가 세수를 하려고 보니, 물속에 이천 효양산의 금송아지가 비쳤다고 합니다. 그래서 황제는 사신을 보내 금송아지를 가져오려 했습니다.

사신이 이천에 들어서자 백발에 짤막한 쇠 지팡이를 지닌 노인을 만났답니다. 사신은 노인에게 효양산 가는 길을 물어보았습니다.

"네 알다마다요. 제가 거기서 오는 길입니다요."

"거기로 가려면 얼마나 가야 하오?"

"이 길을 따라 쭈욱 가면 오천리가 나오는데, 오천리를 지나면 다시 억만리가 나올 겁니다. 억만리를 지나가다 보면 억억다리가 나오고, 억억다리를 지나고 다시 이천장을 지나면 구만리 뜰이 나옵니다. 그렇게 다시 구만리 뜰을 지나 복하천을 건너면 효양산이 나옵니다요."

"아… 아니, 효양산이 그렇게 멀단 말이오?"

"저도 효양산에 살다가 7살에 어머니를 찾아 당나라로 가는 길인데, 길었던 쇠 지팡이가 이렇게 닳은 걸 보니 중국에 거의 다 온 것 같습니다그려."

노인장의 말을 듣던 신하는 심각하게 고민했답니다. 그냥 돌아가자니 황제에게 죽임을 당할 것 같고, 효양산으로 향하자니 가족을 다시는 못 볼 것 같았기 때문이었는데요. 고민하던 그는 가족이라도 보고 죽자며 그 길로 다시 당나라로 향했다고 합니다.

효양산 금광굴

쭈: 그럼 쌤! 정말 황금송아지가 효양산에 있어요?

최쌤: 당연하지~ 우리 금광굴에 황금 찾으러 가볼까?

찬: 에이~ 장난이시죠?

최쌤: 그럼 유찬이는 빼고 가자~

찬: 아니에요! 같이 가요~ 쌤!

쭈: 와~ 진짜 동굴이 있어요!

최쌤: 정확히는 밝혀지진 않았지만, 옛날 사람들이 효양산 황금송아지를 캐려고 동굴을 팠다는 얘기도 있고, 일제강점기에 일본사람들이 효양산 황금을 캐려고 판 금광이라는 설도 있어~

찬: 금광이라고요? 쌤, 우리 금 캐러 들어가요!

최쌤: 무서운데 괜찮겠니?

쭈: 쌤! 하나도 안 보여요. 무서워요! 어떡해요!

최쌤: 저기 안쪽으로도 두 갈래 굴이 보이지? 왼쪽은 깊은 물이 있고, 오른쪽은 무너졌어. 이쯤에서 사진 한 장 찍고 돌아갈까?

찬·쭈: 네!

최쌤: 사실은 나도 무섭다~

## 어떻게 즐길까?

조금만 더 설명해주세요

체험시즌은 언제예요?

서희테마파크는 매주 월요일 휴관입니다.
효양산은 언제나 문이 열려있습니다.

서희 관련해서 역사 공부를 더 하고 싶어요!

설봉산에 있는 이천시립박물관, 그리고 가까운 곳에 있는
서희 묘소를 찾아보길 권합니다.

어떻게 가나요?

**서희테마파크**: 이천시 부발읍 무촌로18번길 130

함께 방문하면 좋은 곳은?

서희테마파크에 오셨다면 인근 청암관광농원을 추천하고요.
이천로컬푸드직매장에서 이천 특산물 구매도 잊지 마시고요!
부발농협에서 이천쌀 구매도 추천합니다~

### 찬쭈가 드리는 여행팁!

찬 : 효양산 금광굴은 이천시에서 장기 프로젝트로 개발한다고 합니다.
완성되면 금광굴 탐험을 떠나요!

쭈 : 매년 가을에 서희테마파크에서 서희문화제가 열립니다~
유익한 프로그램과 체험이 펼쳐지니, 시기를 맞춰 방문해보세요~

## 05

# 그래, 이천이라면 역시 도자체험이지!

### 이천 도자 만들기 체험 | 이천로컬푸드직매장

프로야구를 관람하고, 온천에서 물놀이하고, 감자랑 고구마를 심거나 캐보고, 농업과 민주주의의 역사를 공부하고, 이천생선국수를 먹고, 커피를 수확해서 직접 로스팅하고, 쪽과 홍화로 염색을 하고, 딸기와 토마토를 수확해보고, 돼지와 직접 게임도 해보고, 나옹선사의 고찰도 가보고, 백종원 아저씨가 칭찬한 닭발까지 먹어 볼 수 있는 곳.

낯설지만 특별한 인삼축제에서 인삼을 먹어보고, 최고 풍수터라는 조선 세도가문의 고택도 가보고, 을미의병 최초의 승전을 만나보고, 들꽃향기까지 그림으로 간직하고, 500년 숲을 걸어 보고, 자채방아·도니울·서경들·부래미·우무실마을에서 농촌체험도 즐기고, 장호원 장터에서 추억까지 남길 수 있는 곳.

봄의 전령 산수유꽃을 만나고, 1000년 소나무와 흰 소나무도 보고, 세상에서 가장 달콤한 복숭아를 먹고, 공룡이 거니는 수목원과 최고의 체험농장도 즐길 수 있고, '센과 치히로'가 앉아 기다릴 것 같은 설봉역에 들렀다가 귤과 한라봉을 따러 갈 수 있는 곳, 그리고 왕의 연못에서 서희의 지략과 이천쌀밥의 고소한 밥맛까지 느낄 수 있는 곳.

이 모든 것을 할 수 있는 이천!

아, 하나가 빠졌네요. 이천에 오신다면, 아니 이천에 오셔서 꼭 해봐야 할 체험이 하나 남았는데요. 그 마지막을 찬쭈와 함께 떠나보시겠습니다~

Chapter 1

# 도자 만드는 즐거움!

최쌤: 얘들아! 오늘은 드디어 너희들과 마지막으로 이천여행을 함께 하는 날이야~ 어때, 지금까지 재밌었지?

찬·쭈: 네! 쌤, 근데 좀 아쉬워요!

최쌤: 원래 시작이 있으면 끝도 있는 법이야~ 그래도 좀 섭섭하지?

찬: 네! 다음에도 또 다녔으면 좋겠어요!

쭈: 이천에는 재밌는 곳이 생각보다 많았어요~

최쌤: 마지막 날에도 질문 하나 해볼까?

자, 이천하면 떠오르는 것을 하나만 말한다면?

찬: 쌀이요! 간장게장에 하얀 이천쌀밥이죠!

쭈: 오빠는 마지막까지 먹는 얘기냐? 물론, 이천쌀도 유명하지만 저는 이천 도자기요! 제 꿈이 디자이너잖아요~ 열심히 학원 다녀서 예쁜 도자기도 디자인하고 싶어요!

최쌤: 학원 다니는 것도 좋지만, 너흰 책을 많이 읽으면 좋겠어~ 기술은 노력으로 가능하지만, 창의력은 노력만으로 되는 게 아니거든.

최쌤: 자, 오늘 너희들과 함께할 마지막 체험은 도자 만들기다! 너희는 도자로 만들고 싶은 게 있니?

쭈: 저는 고양이요! 고양이를 키우고 싶은데 엄마가 못 키우게 하시거든요. 알레르기 있다고요.

찬: 저는 라면 그릇이요. 제가 만든 그릇에 라면을 담아 먹고 싶어요~

최쌤: 그래, 그럼 우리 함께 이천 도자 만들기에 도전해보자!

Chapter 2

# 이천 도자 만들기 체험은요!

<사랑과 영혼>의 주인공처럼!

도자 만들기만의 매력이요?

흙을 만질 때 시간 가는 줄도 모르고 몰두하게 되는 것이 가장 큰 매력인 것 같습니다. 그리고 완성된 도자를 처음 만날 때의 즐거움이 두 번째! 세 번째는 만든 도자를 감상하거나 그 도자에 차를 마시거나 밥을 덜어 먹을 때의 행복이죠~

들꽃도자쌤: 자, 함께 도자를 만들어보시겠습니다~

찬: 빨리 만들어서 라면 덜어 먹고 싶어요!

쭈: 오빤 마지막까지 먹는 타령이야! 선생님 잘 보고 따라 해봐~

들꽃도자쌤: 도자 형체를 만드는 방법에는 여러 가지가 있답니다. 그 중에서 물레를 이용해서 도자 형체를 만드는 방법이 있어요~

최쌤: 영화 〈사랑과 영혼〉의 주인공이 도자 만들 때 그거 맞죠?

쭈: 쌤, 그게 뭐예요?

최쌤: 찬쭈, 너희도 영화의 주인공이 되어볼래?

쭈: 네, 쌤 그게 어떤 거예요?

찬: 우엑! 쭈랑 어떻게 이렇게 해요!

쭈: 나도 마찬가지거든!

도자를 만드는 여러 방법

1. 도자 흙을 밧줄처럼 말아 올리면서 형체를 만드는 코일링 기법이 있고요.

2. 물레는 아시죠? 물레 위에 도자 흙을 놓고 흙을 돌려가며 형체를 만들어가는 방법도 있어요.

3. 그 외에 펀칭이나 판성형 기법도 있고, 석고 틀을 이용해서 대량으로 만드는 방법도 있답니다.

쭈: 쌤, 어떤 방식이 더 좋은 거예요?

들꽃도자쌤: 좋고 나쁘고 하는 건 없어요~ 물레로 하면 안정적이고 균형 잡힌 도자를 만들 수 있고요. 코일링 방식으로 만들면 손으로 꾹꾹 눌러가며 만지는 재미가 매력적이에요.

찬: 쌤, 그럼 우린 어떤 방식으로 만드나요?

들꽃도자쌤: 여러분은 처음이니까 흙의 질감을 그대로 느끼는 게 좋을 것 같아요~ 오늘은 코일링 기법으로 만들어보겠습니다~

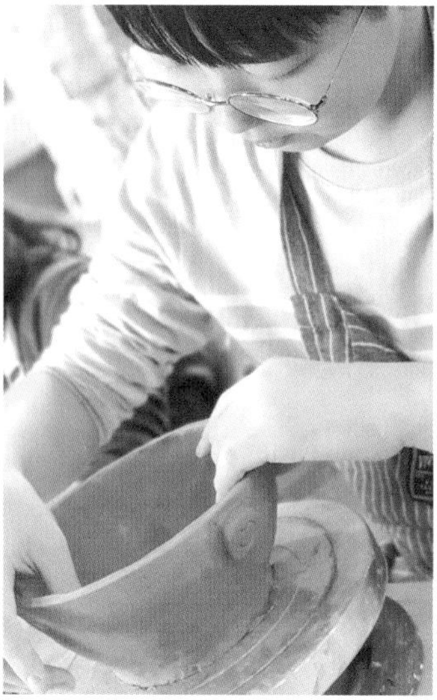

이천사람이라면?

찬: 쌤, 이상해요. 이거 만들고 있으니까 잡생각이 사라져요!

들꽃도자쌤: 그죠? 정말 아무 생각도 안 들죠? 그래서 제가 이 직업을 택했어요.

최쌤: 찬아~ 영어 Time의 어원이 뭔 줄 아니? '잘라내다'라는 단어라고 해. 도자도 마찬가지야. 모든 세상 근심을 흙과 함께 잘라내고 만들면 시간 가는 줄도 모르게 되지. 도자는 시간이라 생각해.

쭈: 쌤은 맨날 틈만 나면 아는 것 자랑만 해요?

최쌤: 어허, 아는 게 많아서 그래~ 그나저나 쭈는 무얼 만들려고 하니?

쭈: 고양이를 만들려고 했는데요. 너무 어려워요~

최쌤: 유찬이는 라면 그릇인데, 쭈는 짬짜면 그릇이니? 그릇이 두 군데로 나뉘었네~

Chapter 3

# 대한민국 사람이라면 자기 밥그릇 하나쯤은

### 도자 만드는 과정

도자기는 조형- 건조- 1차소성(초벌구이)- 유약 바르기와 그림 그리기- 2차소성(재벌구이) 순서로 만들어집니다.

체험할 때는, 보통 조형까지만 끝내는 경우가 많답니다. 유약도 발라야 하고 2번이나 구워야 해서, 실제 도자를 받아볼 때까지는 1달 가까이 시간이 걸리게 됩니다.

### 꽃을 꽂으면 꽃병!

쭈: 쌤 언제 그렇게 많이 만드셨어요?

최쌤: 이게 '짬바'라는 거다~ 이래 봬도 난 3년 동안 도자를 배웠단다. 지금 시작해도 너희를 따라 잡을 수 있지~ 난 꽃병이다!

찬: 우리는 한 줄씩 돌려서 만드는데 쌤은 어떻게 한번에 만드셨어요?

최쌤: 도자 만드는 방법이 다 같지는 않아. 나는 성격이 급해서 한번에 크게 올리는 게 편하기도 하고 흙 질감을 살리는 게 좋더라~ 펀칭기법을 변형했지~ 자, 술병 완성이요!

쭈: 쌤! 아깐 꽃병이라면서요!

최쌤: 꽃을 꽂으면 꽃병, 술을 담으면 술병인 거지!

도자를 만나는 시간은 언제나 설레요

쭈: 끼약, 정말 신기해요! 내가 만든 게 이렇게 바뀌다니!

찬: 와~ 저는 당장 라면 끓여 먹을래요! 제가 만든 그릇에 담아서 먹고 싶어요~

Chapter 4

# 참새는 방앗간, 이천엔 **이천로컬푸드직매장!**

이천로컬푸드직매장은 이천의 농민들이 직접 키운 농작물을 판매하는 곳인데요. 생산 지역과 농부의 사진까지 확인할 수 있어서 더 믿을 수 있답니다. 최근에는 이천에 여행 오신 분들의 필수코스로 더욱 유명해졌답니다!

쭈: 우와~ 진짜 농부님들 얼굴이 있어!

찬: 어디서 생산했는지 지도에도 나와요!

최쌤: 좋아~ 기분이다. 오늘 직매장에서 너희들에게 선물 하나씩 사줄게!

쭈: 와! 진짜요? 전 그럼 이천한우요! 꽃등심 사야지!

찬: 쭈야! 그렇게 비싼 걸 사면 어떡하니! 전 소박하게 이천에서 생산한 꿀을 선택하겠사옵니다~

최쌤: 음, 뭐랄까…. 이천 한우 꽃등심이랑 이천벌꿀 참 좋지. 근데 칼로리가 높아서 너희 같은 초등학생에게는…. 안 맞지 않을까?

찬: 쌤! 비싸서 사주기 싫어서 그런 거죠?

최쌤: 뭐, 초등학생답게 이천고구마랑 표고버섯, 상추는 어떠니?

이천의 특산물 게걸무는 어때?
쭈: 초등학생이랑 표고버섯이 무슨 상관이에요?
최쌤: 어라? 여긴 직매장이라 그런가? 저렴하네~ 좋아!
오늘이 마지막 여행이니 내가 쏘마~
찬·쭈: 와~ 좋아요!
쭈: 쌤~ 난 이천 쌀 한 가마 메고 갈게요.

## 어떻게 즐길까?

조금만 더 설명해주세요

체험시즌은 언제예요?

이천 도자체험은 365일 열려 있답니다.

예쁜 이천 도자를 구매할 수 있는 곳을 알려주세요

이천도자기축제에서 많은 도자를 만날 수 있고요.
예스파크의 모든 갤러리들,
그리고 3번 국도와 이천 구석구석의 도자기매장에서 구매할 수 있습니다.

어떻게 가나요?

**이천로컬푸드직매장**: 이천시 이섭대천로941번길 6
그 외 도자체험업체는 예스파크, 사기막골 도예촌과
백사면 일대에 많이 있답니다.

### 찬쭈가 드리는 여행팁!

찬 : 도자기를 구입하려면 예스파크나 사기막골 도예촌이나 세라피아 토락교실이 좋고요. 검색하시면 이천의 수많은 도자 만들기 체험장을 쉽게 만날 수 있답니다~

쭈 : 아, 맞다! 도자는 처음 만들었을 때보다 약간 줄어들어요. 수분이 빠져서 그런 거라는데요. 그래서 생각보다 조금 더 크게 만들어야 해요~

고등학교를 큰 도시로 진학하면서 제 별명은 '이천'이 돼버렸습니다. 친구들이 '이천'이라 불러주었을 때, 저는 그들에게 가서 '이천'이 된 거죠.

제가 사랑하는 이천은 생각보다 훨씬 더 매력적인 도시인데요. 뭐라 설명할 방법이 없네요. 아, 그래서 제가 이 책을 썼나 봅니다!

아쉬운 점도 있습니다.

이천의 체험터와 여행지를 절반도 채 싣지 못해서 아쉽습니다. 이천농촌나드리 모바일 앱과 이천시청 홈페이지를 통해서 더 많은 체험을 만날 수 있고요. 인터넷 검색을 통해서 책에서 만나지 못한 이천의 여행지와 맛집을 즐겨보시죠!

감사 인사 전합니다.

이천광현전투를 기념하기 위해 그림을 그려주신 웹툰작가 PETER MON(고소한고래밥) 님, 조언을 아끼지 않고 교정에도 참여해준 민병대님과 향기 선생님께 깊은 감사를 드립니다.

산수유마을과 안흥지 일부 사진은 김형식 사진작가, 임마누엘 포도농장 일부 사진은 주재하 관장의 허락을 받고 실었습니다. 감사한 말씀 전합니다.

누구보다도 고마운 친구들이 있습니다. 함께 여행한 유찬이와

유주. 참 예쁘고 착한 아이들인데요. 찬, 쭈랑은 책이 끝나도 가끔 여행을 다닐 예정입니다. 찬쭈와 재밌는 이야기는 페이스북으로 소식 계속 전하겠습니다~

음, 긴 여정을 어떻게 마무리해야 하나?
아, 이렇게 끝맺을게요!
이천, 우리 함께 플렉스!

최석재

아이들과 떠나는 판타스틱 이천여행

# 절대 후회하지 않을 슬기로운 주말여행

**초판 1쇄** | 2020년 5월 29일

**지은이** | 최석재
**발행 도움** | 이천시청

**발행인** | 유철상
**편집** | 이정은, 남영란, 이현주, 정예슬
**디자인** | Mia Design, 조연경
**마케팅** | 조종삼, 윤소담

**펴낸 곳** | 상상출판
**출판등록** | 2009년 9월 22일(제305-2010-02호)
**주소** | 서울시 동대문구 정릉천동로 58, 103동 206호(용두동, 롯데캐슬 피렌체)
**전화** | 02-963-9891
**팩스** | 02-963-9892
**전자우편** | sangsang9892@gmail.com
**홈페이지** | www.esangsang.co.kr
**블로그** | blog.naver.com/sangsang_pub
**찍은 곳** | 다라니
**종이** | ㈜월드페이퍼

ISBN 979-11-89856-92-2 (13980)

※ 이 도서의 국립중앙도서관 출판예정도서목록(CIP)은 서지정보유통지원시스템 홈페이지(http://seoji.nl.go.kr)와
국가자료종합목록 구축시스템(http://kolis-net.nl.go.kr)에서 이용하실 수 있습니다. (CIP제어번호 : CIP2020020114)

www.esangsang.co.kr